为人三会

会说话 会办事 会做人

李牧怡 编著

扫码点目录听本书　　扫码收听全套图书

四川人民出版社

图书在版编目(CIP)数据

为人三会：会说话 会办事 会做人/李牧怡编著.—成都：
四川人民出版社,2020.8(2020.12 重印)
ISBN 978 - 7 - 220 - 11937 - 8

Ⅰ.①为… Ⅱ.①李… Ⅲ.①人生哲学 - 通俗读物
Ⅳ.①B821 - 49

中国版本图书馆 CIP 数据核字(2020)第 138979 号

WEIREN SAN HUI HUI SHUOHUA HUI BANSHI HUI ZUOREN

为人三会：会说话 会办事 会做人
李牧怡/编著

责任编辑	任学敏
技术设计	松 雪
封面设计	松 雪
责任印制	李 剑
出版发行	四川人民出版社(成都市槐树街2号)
网　　址	http://www.scpph.com
E - mail	scrmcbs@sina.com
新浪微博	@四川人民出版社
微信公众号	四川人民出版社
发行部业务电话	(028)86259624 86259454
防盗版举报电话	(028)86259624
印　　刷	德富泰(唐山)印务有限公司
成品尺寸	143mm×208mm
印　　张	5
字　　数	120 千
版　　次	2020 年 8 月第 1 版
印　　次	2020 年 12 月第 4 次
书　　号	ISBN 978 - 7 - 220 - 11937 - 8
定　　价	36.00 元

前　言

人生在世，无论处于哪个阶段，都离不开说话、办事、做人。要想立足社会，在人际圈中受欢迎，就要掌握三种本领：会说话、会办事、会做人。会说话是会办事和会做人的重要前提，掌握了说话的技巧，办事可以办得圆满，做人可以做得练达；会办事是会做人的条件，善于办事，你才能得到别人的认可和信任；会做人，首先要学会说话、会办事。学会说话、学会办事、学会做人，是人生三大技巧，缺一不可。而掌握了这三大技巧，也就掌握了成功的金钥匙，人生一定会过得美满而精彩。

一、会说话是一种艺术，需要智慧

美国成功学大师戴尔·卡耐基曾经说过："当今社会，一个人的成功，仅有一小部分取决于专业知识，而大部分取决于口才的艺术。"人的一生当中，从恋爱到婚姻，从求职到升迁，从交际到办事……都需要说话的能力。话说得好，小则可以讨人欢喜，大则可以保身；而话说得不好，轻则树敌，重则导致失败。

我们天天在说话，不一定就能把话说好；我们天天在办事，不一定就能把事情办好。 是否善于为人处世，要看一个人是否会说话。 有三条标准可供参考：说得好，说得精，说得巧。 说得好，就是把话说到对方的心坎上，说者会说，听者爱听，彼此共鸣；说得精就是言简意赅，不啰唆，不赘言；说得巧，是把话说到点子上，一语中的。

俗话说，"良言一句三冬暖"。 会说话的人可以明确表达自己的意图，能够把道理说得清楚、动听，并使别人乐意接受。 金玉良言被人所称赞，绝词妙语被人所欣赏。 不会说话的人则常吞吞吐吐，含糊其词，甚至可能会造成误会，伤及感情，对人对己都不利。

二、会办事是一种能力，需要方法

有的人会办事，有的人不会办事。 会办事是会做人在行为上的要求，人们面对各种各样的问题和矛盾，以什么样的态度和方式处理问题、解决矛盾，反映了一个人的追求，也决定着事情的不同结果。 世上没有办不成的事，只有不会办事的人。会办事的人，可以在纷繁复杂的环境中轻松自如地驾驭人生局面，把不可能的事变为可能，最终达到自己的目的。 不会办事的人或者言而无信，说到做不到，或者有头无尾，草率了之，或者固执己见，不求变通，结果反而更糟糕。

会不会办事不是天生的，而是后天习得。 任何人所办过的任何一件事，其成功的过程都值得借鉴。 一件事能不能办成，不是看你有多大的企盼和多大的热情，而是看你用什么方法，或者说用什么技巧。

会办事就是懂得处理问题的技巧：事办得到，事办得牢，事办得稳妥。 办得到，就是应允的事情就一定要完成，对他人交代的事情能够严守承诺，不放空炮，上司交办的、下属请示的、同事委托的、亲友嘱咐的……都如期完成任务；办得牢，就是将事情办得牢靠，让人放心；办得稳妥，指办事有始有终，不横生枝节，在办事过程中，细枝末节都想得到、办得好。

会办事与不会办事之间的差别到底有多大？ 或许没有人能对此下结论，但有一点毋庸置疑：这个世界上诸如财富、名誉、地位以及一切与幸福沾边的东西，都是给会办事的人准备的，而不会办事的人，大都会被置于对各种利益可望而不可即的境地。

"磨刀不误砍柴工"里的"磨刀"就是修炼自己各方面的功力，找到办事的最佳方法，从而提高办事能力和效率。

三、会做人是一种境界，需要技巧

《红楼梦》中有句话："世事洞明皆学问，人情练达即文章。""世事洞明"说的是懂道理，"人情练达"讲的是明事理。 要达到如此境界，不是一朝一夕就能实现的，需要我们不断学习和摸索，不断磨炼和修正。

人的价值体现于会做人。 不懂做人、不会做人者，到头来仿佛竹篮打水———一场空；懂做人、会做人者，人财两旺是水到渠成的事。 当今时代，谁不希望自己人财两旺？

会做人的人善于处理做人的问题，容易赢得他人的尊重、社会的认可，同时也能在这个过程中进一步提升自己。 不会做人的人不会处理做人的问题，事业上一败涂地，生活也处于一片茫然之中。 学会做人就得从我们自身开始，提升我们个人的修养和素质。 会做人对于每一个人都是最重要的。 "人"是通过"会做"而成，"做"的行为、实践使得一个人成为"人"。

会做人得处理好三种关系：人自己的关系，人与社会的关系，人与自然的关系。会做人就是要做一个善良的人、乐观的人、宽容的人、真诚的人、智慧的人、正直的人、谨慎的人、有志向的人、有教养的人。简单地说，就是要学会让人、敬人、爱人、宽容别人、善待别人、尊敬别人，不张扬、不狂傲、不显摆、不虚伪，这是做人的基本要求。

会做人是大难事，也是高深的境界。从普通平凡到不普通不平凡、从不普通不平凡上升到超凡脱俗，再从超凡脱俗上升到卓尔不群，这就达到了做人的最高艺术境界。

会做人、会说话、会办事，此为人立身处世之三宝。

诚然，并不是所有的人都能把话说好、把事办好、把人做好。但是，每个人都可以通过后天学习来获得理念上的正确认识和行为上的灵活方法。为了帮助读者尽快成为一个会说话、会办事、会做人的人，本书以实用、方便为原则，将日常生活中最有效、使用率最高的口才技巧、处事方略、做人哲学介绍给读者，使读者在短时间内掌握能言善道、精明处事、完美做人的本领；让读者懂得如何在说话、办事、做人时做到"到什么山唱什么歌，见什么人说什么话，遇到什么事办什么事"。本书介绍的这些说话、办事、做人技巧，使你在任何场合都能做到游刃有余，使你的人生之旅更加顺遂。

2020 年 6 月

目 录

扫码点目录听本书

上篇 会说话

上篇　会说话

扫码收听全套图书　　扫码点目录听本书

第一章　开口是金，交流技巧很重要

扫码点目录听本书

说好第一句话

生活中免不了与人交往，有时候第一句话就能决定交谈的深度。一句动听的开场白，很可能会使谈话双方成为无话不谈的知音；一句不中听的话，很可能会破坏交谈气氛，失去结交朋友的机会。

张力的人际关系就非常好。无论是与陌生人交谈，还是与熟人聊天，他都能制造出非常活跃的谈话气氛，并且在交谈过程中，使双方的感情进一步加深。这就是他获得好人缘的原因所在。

一次，张力参加一个同事的生日聚会，在会场上遇到了这个同事的老同学王宾。他便走上前去，彬彬有礼地说："您好！听说您和今天的寿星是老同学？"王宾略带惊讶却高兴地点点头说："您是？""我是他的同事，很高兴能与您相识！今天还真是个好日子，不但能给同事祝寿，而且还同时结交到一个好朋友，真是很难得。"

张力面带微笑地说。王宾也高兴地迎合着张力的话题，两人就这样高兴地攀谈起来。生日宴会结束后，两人依依不舍地告别了。

张力与王宾之所以能成为好朋友，第一句开场白的作用最大。试想，如果张力的第一句话没有引起王宾的注意，没有为交谈营造一个良好融洽的气氛，那么二人的结局可能会是另一番景象。

当然，说好第一句话，并不只限于与陌生人的交往中，还可以渗透到朋友、夫妻、亲人的交往之中，这样便可增进友情、巩固爱情、温暖亲情。

丈夫因事外出，不慎将随身携带的 3000 块钱弄丢了。在上世纪 90 年代，300 块是一笔不小的钱了。丈夫心里非常着急，本来家里就不富裕，而且这 3000 元是妻子辛辛苦苦、奔波忙碌攒下来的。想到这里，他开始不停地责怪自己，不知道该怎么向妻子交代。无奈之下，他只得拨通了家里的电话，支支吾吾地说："对不起，我……我……不小心……把 3000 块钱给弄丢了。"

妻子听了以后说："人丢了没有？只要人没有丢就好了，赶快回家吧……"听完妻子的话，他感动得不知所措，愣愣地站在电话亭旁，过了好一会儿才回过神来。其实，妻子平时非常节俭，丢了钱，她心里一定非常难过，可是她通情达理，知道事情既然已经发生了，再怎么埋怨也没有用。

掐指一算，夫妻二人结婚快十年了，丈夫从来没有给妻子做过一顿饭，但是那天他亲自买菜下厨房，忙活了半天，为妻子做了一道菜，虽然做得不是很好，可妻子却吃得格外的香。

从此，夫妻双方更加体贴、理解对方了，而且感情比以前更好更深了。

生活中，无论是亲戚、朋友之间，还是夫妻之间，都会出现这样或那样的矛盾。这些矛盾很多时候都是由第一句话引起的。由此可见，说好第一句话的重要性。

那么，如何才能把第一句话说好呢？以下几点可供参考：

1. 让第一句话拉近彼此距离

鲁肃见刘备时，正遇到在一旁的诸葛亮。他刚一见面的开场白是："我，子瑜友也。"而子瑜正是诸葛亮的哥哥诸葛瑾，与鲁肃乃是忘年之交。就这样，鲁肃与诸葛亮马上就搭上了关系，拉近了距离。任何人都不可能离开人群不与其他人交往，只要彼此都留意，就不难发现双方潜在的那层"亲戚"关系。

譬如："你是天津人？我以前在天津上大学。说起来，还真巧呢！天津可真是个不错的地方。"

"您是清华大学毕业的？我也是，咱们还是校友呢！您是哪届的呀？说不定咱们还是同届的呢！"

"您来自皖南，我是在皖北出生的，两地相隔咫尺。在这里居然还能遇到老乡，真是一件令人开心的事情。"

这种初次见面互相攀亲的谈话方式，很容易搭建起陌生人之间谈话的桥梁，使双方在短时间内产生一见如故相见恨晚的感觉，从而给对方留下良好的第一印象。

2. 用第一句话让人感受到尊重

对陌生人表示尊敬、仰慕，是礼貌的第一表现，也更能拉近彼此之间的距离。但是，采用这种方式必须注意：要掌握好分寸，褒奖适度，不能胡乱吹捧，谈话的内容要因时因地而异。

例如："我曾拜读过多部您的作品，从里面学到的东西颇多，可谓受益匪浅！没想到今天竟能在这里见到您，真是荣幸之至啊！"

"今天是教师节，在这美好的日子里，我真诚地祝您节日快乐、身体健康、桃李满天下。"

"您的家乡桂林是个风景秀丽的地方，不是还有句话说'桂林山水甲天下'吗？我今天非常高兴能认识您这位桂林的朋友。"

3. 在第一句话中就把问候送出去

无论是与陌生人的初次见面，还是与熟人相遇，问候都是少不了的。一见面，最好第一句话就将问候送出去。一般情况下，"您好"是最常见的问候语，但是若能根据对象、时间、场合的不同，而使用不同的问候语，效果就会更好。例如：对德高望重的长辈，应说"您老人家好"，以示敬意；对年龄跟自己相仿者，称"先生（女士）您好"，显得更加亲切；如果对方是医生、教师等，可在"您好"前加上职业称谓。若是节日期间，可以说"节日好""新年好"，给人以祝贺节日之感；也可按照时间分别对待，早晨说"早上好"，中午说"您好"，晚上说"晚上好"，就很得体。

4. 第一句话就使人感到体谅、关爱、包容

生活中，朋友、亲戚、家人之间，时不时会出现一些矛盾，这个时候，能否顺利化解矛盾，第一句话将起着决定性作用。一句不得体的话，不但会加深彼此的矛盾，还可能会伤害到彼此的感情。所以，在张口说话前一定要仔细思考才是。我们不妨在语言里多融入些关爱与包容。这样，再深的矛盾也可能会因为爱而化解。

人生无处不相逢。其实与陌生人交谈并不可怕，没有必要过于拘谨、不自在，只要主动、热情地同他们聊天，努力寻找双方的共同点，遇到冷场时，能及时找到话题，制造融洽的谈话气氛就可以了。只要学会了这些技巧，就能赢得对方的好感，拉近彼此之间的距离。

总而言之，初次见面，第一句话是非常关键的，好的开场白是让对方敞开心扉的敲门砖，也是使人一见如故的秘诀。

让别人先说，自己后说

上帝造人的时候，只给人一张嘴，却给人两只耳朵，这是为什么呢？这是要人们少说多听，唯有如此，才能从谈

话中挖掘出更多的信息，才能对加深了解、深入交谈有所裨益。

    英国一家大型汽车公司准备采购一批汽车坐垫。为了争取到这个大客户，三家汽车坐垫生产公司都准备好了样品，等待汽车公司高级职员的检查。为了买到最好的汽车坐垫，汽车公司的高级职员准备让这三家坐垫生产厂家进行最后的角逐。于是，汽车公司给三个坐垫生产商同时发了一个通知，让各厂代表准备最后一次较量。

    汤姆是三个代表之一，当他代表公司与汽车公司高级职员交谈时，正患着咽喉炎。当汽车公司高级职员让他描述自家产品的优越性时，他在纸上写下了这样一段话："尊敬的先生们，我嗓子哑得几乎不能发出声音。因此，我把说话权交给在座的各位。请原谅我的不礼貌。"

    汽车公司总经理看到这段话后，说："我来替你说吧。"他陈列出汤姆带来的坐垫样品，非常仔细地讲述了它的优点，在座的每位领导都发出了称赞的声音。汽车公司的总经理自始至终都在为汤姆说好话，而汤姆则只是象征性地点点头或微微一笑。不料，这样的洽谈居然赢得了汽车公司的青睐，汤姆与汽车公司签订了价值180万的订购合同单。

    后来，汤姆回忆说："当时如果我像其他厂家的代

表一样，对自家产品夸夸其谈，说不定我会失去这次合作机会。我之所以能在三个代表中脱颖而出，是因为我把话语权交给了汽车公司的总经理，而我自己却成了一个听众。这次经历让我发现，把话语权交给别人，有时是多么重要啊！"

一个商店的售货员，如果不管三七二十一，总是自顾自地拼命称赞自家产品，不给顾客说话的机会，很可能失去一位准客户。原因是，不给顾客说话机会，就不会了解顾客的需求，即使把自家产品夸得天花乱坠，却不符合顾客的需求，到头来也是徒劳。所以，让自己充当一名听众，其实并没有什么不好的，倾听有时也是一种收获。

把话语权交给别人，有时比自己唠叨更有价值。其实，每个人都不喜欢被别人忽视，而且都想让自己成为交谈中的主角，一旦别人能满足自己的这个想法，就会由衷地愿意与这样的人接触交谈。反之，如果别人一味地把自己当成听众，自己肯定会产生逆反心理，认为对方不够重视自己。

威森是一位对工作兢兢业业的青年，他的工作是向一家专门替服装设计师和纺织品制造商设计花样的画室推销草图。连续三年，威森每个星期都去拜访纽约一位著名的服装设计师。"他从不拒绝接待我，"威森先生说，"不过他也从来不买我的草图。他总是很仔细地看我的草图，然后说，'不行，威森，我想我们今天谈不成了。'"在经历了一百五十次的失败后，威森终于明白自己过于循规蹈矩了，于是他决定，每个星期都抽出一个晚上去研究与人交谈的哲学，来拓展新观念，创造新的工作热情。

不久，他就急于尝试这一新方法。他随手抓起六张还没完成的草图，冲入买主的办公室。"如果你愿意的话，希望你帮我一个小忙，"他说，"这些都是尚未完成的草图。你能不能让我明白，我们应该如何把它们做完才能对你有所帮助？"

这位买主默默地看了看那些草图，然后说："把这些图留在这里，几天后再来见我。"

三天以后，威森又去了，把草图拿回画室，依据买主的意思把它们修改完成。结果那位买主接受了全部的草图。从那以后，买主又向他订购了许多图案，不仅如此，双方还成了好朋友，买主还把威森介绍给了他的其他朋友。

其实，图案都是根据买主的想法画成的，威森却净赚了一千六百多美元的佣金。"我现在明白，为什么这么多年来一直无法和这位买主做成生意，"威森说，"我以前只是说服他买下我认为他应该买的东西，但现在我尽量把话语权交给对方，让对方说出自己的观点看法。让对方觉得这些图案是他自己创造的，而事实也是这样。如今我用不着去向他推销了。"

那么，究竟该怎么做才能把话语权交给别人呢？

首先，控制自己的说话量。

也就是说，不要只顾自己说个没完。生活中许多人都有这样的坏习惯，只要话匣子一打开，就没完没了地控制不住。其实，这并不是聪明的做法，而是费力不讨好者所为。一方面，说的话越多，传递给别人的信息就越多，暴露的缺点也就越多。另一方面，你耗费了大量的精力给别人传递信息，别人不但不会感激你，反而会认为你是一个爱炫耀自己的人，你所说的每一句话不见得都是别人爱听的，也许一句话说得不好，就可能会得罪人，由此别人也会对你敬而远之。由此来看，那些口若悬河的人确实该开始改变了，否则吃亏会更多。

尤其是从事推销这一行业的人，更应该留意这点。推销员的目的是为了推销产品，使对方能心甘情愿地接受自己的观点，购买自己的产品，所以，在说话这一问题上必须得多多留意，应该做到让对方尽情地表达自己的观点和看法。这样才能在对方的话语中，揣测到对方的性格、心理、购买欲望。

人际交往过程中，如果自顾自地说个没完，不管对方的来意、兴趣爱好，是很容易被误解的，也是对自己不负责的表现。当然，对于对方的提问也不能坐视不理，因为这样是不礼貌的，容易伤害到对方的自尊心。所以，对于别人的提问，要耐心地听下去，抱着一种开阔的胸怀，听别人把话讲完。真诚地鼓励对方把想要说的话说出来，把想法表达清楚。

当然，也不能让自己成为纯粹的听众，偶尔也要跟着说几句，这一点非常重要。比如对方说："我很喜欢月季花。"这时，你可以附和对方一句："我也很喜欢，尤其是红色的。"这样一来，对方就会顺着你的话题继续说下去了，从而为彼此间的谈话制造愉快的气氛，谈话也就可以顺利地进行下去。 可是，如果你说出一句大煞风景的话，不但话题不能继续，还有可能会破坏刚刚建立起来的感情，成为顺利交际的障碍。

与人交谈也有一定的规则可寻，虽然它不像交通规则那样刻板，但是也得遵守着"红灯停、绿灯行"的原则，否则很容易误入雷区。 在社交过程中，与人交流并不能像与家人谈话那样随便，想说什么就说什么，想怎么说就怎么说。 它需要讲究一定的方式方法，不能纯粹地把自己当成主角，还要适时地充当配角，充当一个听众。 在恰当的时间里，扩展谈话的内容，以便继续交谈下去。 而且还要不时地与交谈对象互换位置，这样才能使交谈平等地进行下去。

交流是双向的。 在听完对方的谈话后，自己要发表一下意见或看法。 如果只是默默地听取而不做任何反应，交谈很可能就会陷入一片死寂的气氛中，这对顺利地进行交谈非常不利。再者，别人发表完意见后，无形中就等于把话语权转交到你的手里，此时，你完全可以没有顾虑地发表自己的看法，充分展示自己。

其次，要养成倾听的好习惯。

前面已经提到，上帝创造人的时候，只给人一张嘴，却给了人两只耳朵，目的就是为了告诉人们要养成多听的好习惯。曾经有位科学家做了一项调查研究，研究对象是一批受过专业培训的保险推销员。 科学家把业绩最好的 10% 和业绩最差的10% 作了比较，结果发现两者间存在很大的差异。 受过同等训练的人，为什么会产生如此大的差别呢？ 原因就是他们每次推销产品时，在讲话的时间长短上有差异。 业绩差的那些人，每次推销时说话时间累计为 30 分钟；而业绩最好的那一部分人，每次推销时说话时间累计只有 12 分钟。

人们也许要问，为什么只说 12 分钟的推销员，反倒会取得更加理想的业绩呢？

其实，道理显而易见，因为他们说的少，听的自然也就多了。 在倾听的过程中，他们能获得较多的有用信息，而且，他们可以在倾听的同时，思索、分析顾客各方面的信息，然后，针对顾客的具体情况、疑惑和内心想法，找出解决问题的方法，所以业绩自然优秀。

善于倾听不仅对人际交往大有裨益，对企业而言，也能起到举足轻重的作用。

松下幸之助就是一个很好的倾听者，这也是松下电器能够不断发展迅速壮大的原因之一。 松下幸之助说，倘若你对员工所提出的意见、建议不加理睬，那在此以后，他们便不愿再提了，这样容易使下属养成懒惰的恶习。 因为他们认为，提了意见或建议也无济于事，你也不会听，干脆光听你的不就行了。在这种情况下，下属的积极性还能高吗？ 还会开动脑筋吗？智慧还能被激发出来吗？ 这样显然不行，如此下去，公司就会变得死气沉沉，经济效益也不会好到哪儿去。

把话语权交给别人，还能提升自己的人气，使自己有个好人缘。

大部分人都喜欢讲，却不喜欢听，要想处理好人际关系，必须意识到多听比多讲的效果要好得多。 让自己尽可能地充当一个好听众的角色，这在人际交往中是很有益处的。

一次，卡耐基到一个著名植物学家的家里做客，植物学家滔滔不绝地给他讲述植物学的专业知识。此时，卡耐基并没有像其他人那样对植物学家的话爱理不理，他似乎对植物学非常感兴趣，听得津津有味、目不转睛，像个喜欢听故事的孩子一样，不时还要向植物学家提出问题。

两人像遇到知己一般，越谈越开心，直到半夜，植物学家仍然意犹未尽，他告诉卡耐基说："你是我所遇到的最好的谈话专家。"

把话语权交给别人，就是告诉人们，要让自己去喜欢别人的话题，以足够的耐心去倾听对方的意见，就像去电影院看一场电影，即使自己不是特别感兴趣，也要耐着性子把它看完。如果自己觉得电影不好看就一走了之，那么说不定会错过或许精彩的后半部分。在与人相处的过程中，这个道理同样适用。如果不喜欢对方提出的话题，一走了之，这种行为很容易伤害到对方的自尊心，影响双方的感情。所以，在人际交往这个大舞台上，千万别总把自己当成主角，要适时地把话语权交到对方手上。否则，很难得到别人的认同，也很难获得他人的尊敬。

社交场合是一个纷繁复杂的地方，每个人的个性、爱好都不尽相同。如果一味地要求别人去适应你，只听你一个人讲话，那么可以肯定的是，你在社交过程中，不会交到知心好友，更不会办成事。因此，与人交往最重要的一点，就是要学会把话语权分给别人，这不但对处理人际关系有好处，还可以让你结交到好友，把事办成。

见什么人说什么话

　　说话是一种能力、一种本事、一种功夫，但更是一门学问。但凡学问都有基本原理，说话这门学问也不例外。

　　大家都知道，王熙凤见什么人说什么话的本事是非比寻常的。身为荣国府的总管，王熙凤在与府内外各色人等打交道时，无论对上还是对下，她都能应对自如，分寸拿捏得非常准确，不卑不亢。

　　红楼梦第五十四回《元宵夜宴》中有这样一段：

　　　　贾母说："袭人为什么没有和宝玉一起来？"

　　　　王夫人忙起身笑着回答道："她妈妈前几天去世了，袭人要去守孝，出席这种场合有些不合适。"

　　　　贾母听了点点头，不太高兴地说道："既然跟了主子，个人的自由就要受到限制，一切行为都要以主子的想法为转移，倘若她还跟着我，就可以不在这里了吗？现在我们这里的人手充足，还有别的人可以支配，就不追究这些了，但决不能因此而坏了规矩。"

　　　　王熙凤见状忙忙笑着说："即使袭人不用守孝，园子里缺了她也不行啊，那灯花爆竹的很是危险。这里一唱戏，园子里的人大都会偷偷地跑过来瞧瞧。袭人心细，让她在外面照看着，咱们也放心。更何况等到这戏场一散，其他下人又不经心，待宝玉兄弟回去后，铺盖是冷的，茶水也不齐备，到处都不便宜，所以我叫她不用来了，只照看屋子，给宝玉兄弟把茶水、铺盖准备齐全就是了。如此一来，我们这里也不必担心，又可以满足她守孝的愿望，岂不一举三得吗？老祖宗如果现在叫她，我马上差人唤她来就是了。"

贾母听了这话，忙说："凤哥儿说得很在理，比我想得要周到，快别叫她了。她妈妈是什么时候没的，我怎么不知道？"

王熙凤笑道："前两天袭人还亲自向老太太您禀报呢！您怎么给忘了。"贾母略想了一下，笑说："想起来了。我的记性不比以前了。"

众人都笑说："老太太怎么能记得这些琐事啊！"

一场风波就这样被王熙凤的一张巧嘴给平息了。

贾母本有责怪的意思，显然有些不高兴。经王熙凤那么一说，则心通气顺了。

王熙凤素有见什么人说什么话的本事，她一举三得的说法，讨得贾母满心欢喜。

下面同样是红楼梦里的经典片断，记载了王熙凤与刘姥姥之间的谈话：

刘姥姥来拜见王熙凤，并给王熙凤跪地请安。

王熙凤说："周姐姐，快把她搀起来吧，别拜了，快请坐。我年纪轻，不太认得，也不知道您的辈分，所以不敢妄加称呼。"

周瑞家的忙回道："她就是我上回提到的那个姥姥。"王熙凤点点头。这时候，刘姥姥已在炕沿上坐下了。

王熙凤笑道："这亲戚们不经常走动，都显得生分了。知道的呢，说你们嫌弃我们，不肯常来坐坐；可那些不知道的，还以为我们位高权重，看不起那些穷亲戚了，当我们眼里没人似的呢。"

刘姥姥忙说道："我们家条件不好，走不起啊，来了这里也没能给姑奶奶带点礼物，就是管家爷们看了也不像个样子。"

王熙凤笑道："这话说得叫人恶心。不过祖父虚名，做了个穷官儿，谁家也没什么了不起的，只不过是个空架子罢了。俗话说得好，朝廷还有三门子穷亲戚呢，更何况是你我。"

刘姥姥说："其实也没什么，只不过是过来看看姑太太，姑奶奶们，也是亲戚们的情分。"

周瑞家的道："没什么想说的就算了，若是有，尽管跟二奶奶说，这和跟太太说是一样的。"一面说，一面递了个眼色给刘姥姥。

刘姥姥会意后，还没说话脸就先红了起来，欲言又止，可是，今天来，确实有事相求，只得硬着头皮说道；"论理，今天头一回见姑奶奶，本不应该说，可是我从大老远的地方赶来，也只能实话实说了。"

又说道："今日我带着你侄儿一起来，不为别的，只因为他老子娘在家连吃的都没有了。如今天又冷了起来，越想越没个盼头儿，只好带着你侄儿奔了姑奶奶来了。"

其实，王熙凤早就知道了刘姥姥这次的来意，听她不会说话，笑着道："姥姥不必说了，我知道了。"

王熙凤笑道："您老先请坐下，听我跟您老说。方才的意思，我已知道了。其实，亲戚之间原本应该不等上门来就有所照应才对。但如今家事繁杂，太太渐上了年纪，一时想不到的地方也是有的。况且近来我接管一些事情，压根儿不知道还有这些亲戚们。别看外头看着轰轰烈烈、风风光光的，可殊不知大有大的难处啊！说了别人也未必信。今儿您老大老远地投奔来了，又是第一次向我开口，怎好叫您空手回去呢。也巧了，昨儿太太给我的丫头们几件衣裳和二十两银子，我还没动呢，如果您不嫌少，就先拿去吧。"

刘姥姥见给她二十两银子，浑身发痒起来，说道："嗳，我也知道艰难的。但俗语说，'瘦死的骆驼比马大'，您老拔根汗毛也比我们的腰还粗呢！"

周瑞家的见刘姥姥说的话很粗，便向她使了个眼色让她住口。王熙凤笑而不睬，命平儿把昨儿那包银子拿来，再拿一吊钱，送到刘姥姥的跟前，说："这是二十两银子，暂且拿去，先给这孩子做件冬衣吧。若不收，就是我的不是了。这天还冷着，雇辆车回去吧。赶明儿有时间只管来逛逛，大家本就是亲戚嘛。天也不早了，我就不留你们了，到家里该问好的问个好儿。"说着，就站了起来。

王熙凤与刘姥姥的对话，显然与贾母的不大相同，她对贾母说话可谓是投其所好，以下对上。而她与刘姥姥说话，却是以上对下，即便如此，但也说得非常有水平。她知道自己是晚辈，但自己的身份、地位都比较高，可她仍然谦辞有礼，还颇讲人情地大谈亲戚关系，这些言语，这样的接待，显然是请示过王夫人的，因此，她言语间，既不过分热情，又不过于冷淡，既保全了面子，又不辱没身份、过分炫耀，由此看来，王熙凤做得非常得体。不过王熙凤在与刘姥姥谈话过程中，骨子里的那种高高在上和矜持，还是不经意地流露出来了。

王熙凤对贾母说话的态度、措辞，与对刘姥姥说话时的态度、言语比较，有明显的差别。虽然她说得很委婉，但对下说话时，仍把她高高在上的气势展示出来了。这就是见什么人说什么话的绝佳例子。

人们之所以说话，其目的是在于沟通。讲话之前要掂量听众的文化水平、身份、地位，如果说不好便会闹笑话、惹麻烦；答话之前要考虑一下问话者的人品，否则，也可能会出问题。所以，俗话说"见人要说人话，见鬼要说鬼话，见妖人要说胡话"。见人说鬼话是愚蠢的，见鬼说人话是愚昧的。

"见人说人话"是一门艺术，讲究一点艺术就不会伤害到别人了；"见鬼说鬼话"则需要些技术，如果略使用一点技术，就不会被"鬼"咬伤了；"见妖说胡话"要模棱两可，稍不注意就会被"妖人""忽悠"。

会说话的人，一般不会用高调讲话，他们说话会深入浅出、言简意赅。 聪明的人，说话不直接挑明；可有的人，话说了和没说一个样，而有的人，话没说却比说了还厉害。 有的人，说的话听起来是坏话，可坏话里边却能显示出他的菩萨心肠；而还有的人，说的话听起来是好话，写出来一看全是褒义词，可是，字里行间隐藏的却是叵测心机。 同样的话，从会说话的人与不会说话的人说嘴里说出来，会产生截然不同的效果。

见什么人说什么话，看上去有虚伪之嫌，但实际上，却是与人交往的一种技巧，只有做到见什么人说什么话，才能在交际场上游刃有余。

说话分寸决定效果

同事之间说话，恰到好处的语言同样是非常重要的。 许多矛盾之所以发生在平时关系非常亲密的同事之间，很大的原因就是有一方说话不讲分寸，使对方产生误解，从而产生了隔阂。

究竟该如何把握同事之间说话的分寸呢？

1. 要注意对方的年龄

对年龄比自己大的同事，最好谦虚些、服从些。 当然，尊敬是最根本的，年长的同事往往是高你一辈的，经验比你丰富得多。 与他谈话，千万不要嘲笑其"老生常谈""老掉牙了"，一定要保持尊重的态度。 即使自己认为是不正确的，也要注意聆听，而后再提出自己的意见。

对于年长的人，最好不要随便问他们的年龄，因为有些人往往很忌讳这一点，问起他们的年龄常使他们感到难堪。 所以，在与年长的同事谈话时，不必总是提及他的年龄，而只去称赞其所做的事情。 这样，你的话就会温暖他的心，使他觉得自己还年轻。

对于年龄相仿的同事，态度可以稍微随便些，但也应该注意分寸，不可口不择言，伤人尊严。 在与自己年龄相仿的异性同事说话时，尤其要注意，不要乱开玩笑，以免引起一些不必要的麻烦。

对于年纪比你小的同事，也要把握一定的分寸。 应该保持谨慎、沉稳的态度。 年纪较小的同事，有些人可能思想太冒进，或知识经验不足，所以与他们交谈时，注意不要对其不加思索地随声附和，让他们轻视自己；但也不要同他们进行争论，更不要固执己见。 只需让对方知道，你希望他对你无须过度尊敬，他就会因此而保持适当的态度和礼仪。 但是，千万不要夸夸其谈，卖弄经验，在自己的知识能力范围之外还信口开河，否则，一旦被他们发觉，就会大大降低他们对你的信任与尊重程度。

2. 要注意对方的地位

和地位比自己高的人谈话，常会有一种被压迫感，从而木讷口钝，思维迟缓。 但有人却为了改变这种情形而走了相反的极端，即对上司高声快语，显得傲慢无礼。 显然，这两种态度都是不可取的。

与地位高于你的同事谈话，无论他是你的顶头上司还是其他部门的领导，都应持尊敬的态度：一则他的地位高于你，二则他的能力、知识、经验、智慧也比你高，应该向他表示敬意。需要注意的是，与地位高的人谈话，必须保持自己的独立态度和想法，不要做一个应声虫，让他误以为你唯唯诺诺，没有主见。要以他的谈话内容为主题，听话时不要插嘴，要全神贯注。对方让你讲话时，要尽量讲与话题关系密切的事情，态度应轻松自然、坦白明朗，回答问题要明确。

与地位较低的人谈话，不要趾高气扬，态度应和蔼可亲、庄重有礼，避免用高高在上的语气来同其谈话。对于他工作中的成绩应加以肯定和赞扬，但也不要显得过于亲密，以致他太过放纵；更不要以教训的口吻滔滔不绝地说个没完，使对方感到厌烦。

3. 要注意对方的性别特征

交谈时还要注意，性别不同，说话方式亦大不相同。同性别的同事之间谈话的言语自然要随意些，而对于异性同事，谈话就应特别注意。当然并不是说要处处设防、步步小心，但起码要注意"男女有别"。比如，一位女同事身材肥胖，你千万不能"胖子、胖子"地胡乱叫她，但换了关系亲近的男同事，叫他几声"胖子"他一般不会介意。再比如，公司的聚会上，有一位新来的女同事，即便你是关心她，也不能上去问她："××，你看起来很显老，到底多大了？"如果这样说了，恐怕这位女同事要记恨你一辈子了。

女性与男性讲话，态度要庄重大方、温和端庄，切不可搔首弄姿、言语轻佻。男性在女性面前，往往喜欢夸夸其谈，大谈自己的冒险经历，谈自己的事业及自己的好恶，更喜欢发表自己的看法，让听者感到惊奇与钦佩。所以，男性需要的是一个倾听者。但是，如果男性的话语令人难以忍受，这时，女性则可以巧妙地打断他的话，或干脆直截了当地告诉他："对不起，我还有事。"

4. 要注意对方的语言习惯

我国地域广阔，方言习俗各异。一个规模大的单位，不可能只由本地人组成，肯定会有来自不同地方的人，这点也要注意。不同的地域，语言习惯不同，自己认为恰当的语言，来自其他地区的同事听来，可能很刺耳，甚至还会认为你是在侮辱他。

比如，小仇是西北某地区人，而小汤是北京人。一次两人在空闲时间闲聊，谈得正高兴，小仇看见小汤头发有点长了，就对小汤说："你头上毛长了，该理一理了。"没想到小汤听后勃然大怒："你的毛才长了呢！"结果两人不欢而散。

毫无疑问，问题就出在小仇的一个"毛"字上：小仇的家乡都管头发叫"头毛"。小仇来北京的时间不长，言语之中还夹杂着方言，因此不知不觉就说了出来。而北京人却把"毛"（什么"杂毛""黄毛"等）看作一种侮辱性的话，难怪小汤要发怒了。

各地的风俗不同，说话上的忌讳也因此各异。在与同事交往的过程中，必须要留心对方忌讳的话。一不留意，脱口而出，很容易伤害同事间的感情。即使对方知道你不懂他的方言、不知他的忌讳，原谅了你，但毕竟你还是冒犯了他，会给双方的交往留下阴影，因此应该特别注意。

5. 要考虑对方与自己的亲疏关系

倘若对方不是与你交情很深的同事，你也畅所欲言、无所顾忌，对方的反应会怎样呢？你说的话是关于你自己的，对方未必愿意听你讲自己的事。彼此关系尚浅、交情不深，你却与之深谈，则显得你没有修养；你说的话是关于对方的，你不是他的诤友，不适合与其深谈，即使是忠言逆耳，也显得你冒昧无知。

因此，在一个公司内，要与身边的同事搞好关系，谈话则必须注意对象的亲疏关系。对关系不亲近的同事，大可聊聊闲天，海阔天空吹一吹，而对于自己的隐私还是不谈为妙。但这并不等于对任何同事都要遮遮掩掩，见面绝不超过三句话，并只说些不痛不痒的大面上的话。换做是交情较深的同事，可以就其面临的生活方面的困难替其出谋划策，这样还可以增进彼此间的感情与友谊，更有利于工作。

6. 要注意对方的层次与性格特征

你与同事交谈，首先要清楚他的个性：对方喜欢委婉的话，你说话应该含蓄些；对方喜欢直来直去，你大可不必与之绕圈子，摆迷魂阵；对方喜欢钻研学问，你就应该说比较有文化层次的话；对方更关注生活，你就应该与之谈些家长里短的小事；对方如果喜欢推心置腹，你就应该多说些诚恳朴实的话语。 当然，这并非是"六月天，孩儿脸"，一天三变，而确实是搞好同事关系的好办法。

　　甲生性耿直，说话直来直去，毫无隐瞒，偏偏碰上了说话爱绕弯的乙。一天清早，乙从厕所出来，正好碰上甲。甲就大声问道："从哪儿来？"乙见有他人在场，还有两位女同事，便随手一指："从那儿来。"甲不明白："那儿是哪儿？"乙只好含混地说： "WC。""WC"是英文"厕所"一词的简写，甲偏偏不知，又不甘心，继续大声问："WC 是什么东西？"乙见其他人都在看他俩，便偷偷扯甲，小声道："1 号。"甲环顾周围，正好 1 号房间是女同事小王的寝室，于是大为惊讶："大清早你在小王屋里做什么？"乙顿时面红耳赤，真恨不得找个地缝钻进去。

上面这个故事虽为一个笑话，但也可以充分说明，对不同的人讲不同的话着实很重要。 如果甲讲究一点说话方式，不再寻根究底地追问下去；或者乙讲话直接一点，告诉甲自己从厕所来，也不会弄得谈话模糊不清、两人都尴尬了。

7. 要注意对方的心境

与同事谈话，应该注意什么时候是相宜的时候。 比如对方正在紧张忙碌地工作，你就不要去打搅他；对方正在焦急时，你也不要去同他闲聊；对方如果正处于悲痛之中，你更要选择恰当的话题。 假如你在这些情况下不合时宜地去打断扰乱他，一定会碰一鼻子灰。

　　对方心境不同，应该有针对性地选择不同的话题。 遇到同事得意时，应该同他谈高兴的事；遇到同事正在失意，应该适时宽慰，跟他说些你自己的失意事。 如果同失意的人大谈得意之事，不但会显得你很不知趣，而且容易让对方觉得你是在挖苦他，他与你的感情不仅不能变好，反而会变坏。 同得意之人谈你的失意，他说不定会怪你扫他的兴，即使表面上对你表示同情，心里也许会怀疑你想请他帮忙。 你刚开口，他就设了防，使你无法与之深谈。 对方心情不同，你也应进行不同的交谈，这样肯定能让同事间的关系变得更加密切友好。

一开口就让人喜欢你

尊重仰慕式

我曾拜读过您的多部作品，从中受益匪浅，今天能在这里见到您，真是荣幸之至呀！

对第一次见面的人表示尊重、仰慕，更能拉近彼此的距离。

互相攀亲式

原来您是桂林人？我是南宁的，离桂林不远，真巧，没想到在这里也能碰到老乡！

初次见面互相攀亲的谈话方式，很容易搭建起陌生人之间谈话的桥梁，使对方产生一见如故的感觉。

类比赞美式

你们公司的软件太好用了，方便高效。上次试用后，我把别的同类软件全卸载了。

用类比的方式进行赞美，使初次见面的寒暄更具体，更能使对方产生好感。

第二章 学会拒绝，掌握说"不"的艺术

拒要求，留脸面

在实际生活、工作中，人们经常会遇到别人向自己提出要求的情况，然而有些提要求的人是你不喜欢的，抑或是有些人提出了让你难以接受的要求，当处于这种尴尬的情境之中时，你将如何处理？ 笔者认为，如果遇到以上的情况时，我们没必要"有求必应"，而必须学会拒绝。

然而，假如板着面孔一口回绝对方，很有可能会伤了相互之间的和气，但是，你又不能违背自己的意愿答应对方，那样的话，你将更加被动。 是否有一种两全其美的办法，既不使对方觉得面子有损，又能巧妙地拒绝呢？ 回答是肯定的。

拒绝是一门学问，因为在拒绝别人的时候，还要体现出个人品德和修养，让别人在你的拒绝中，同样能感觉到你是真诚的、善意的、可信的。 在拒绝的过程中，要想不伤和气，依然与对方保持的良好的人际关系，那么就要设身处地地站在他人的角度进行换位思考，在不能提供帮助的情况下用同情的语调来婉言回绝。

在婉言拒绝的时候，一定要先让对方觉察到你的态度，不要绕了半天，连自己都不清楚要表达的是什么意思，更不要说对方能不能理解了。在单独说话的场合说"不"，对方往往更加容易接受。拒绝对方时，要给对方留条退路。所以，首先你要把对方的话从始至终认真地听一遍，而后再决定如何去拒绝对方——最好能使用"引用对方的话来'不肯定'他的要求"，从而给对方留足面子；如果对方是聪明人，那么你的"不肯定"，他自然心领神会。

美国前总统富兰克林·罗斯福就任总统之前，曾经在海军担任部长助理这一要职。有一次，他的好友向他打听美国海军在加勒比海某岛建潜艇基地的计划。

在当时，这是不能公开的军事秘密。面对好友的提问，罗斯福如何拒绝才比较好呢？罗斯福想了想，故意靠近好友，神秘地朝周围看了看，压低嗓音问道："你能对不宜外传的事情保密吗？"

好友以为罗斯福准备"泄密"了，马上点头保证说："当然能。"

罗斯福正了正身子，笑道："我也一样！"

好友这才发现自己上了罗斯福的当，但他随即也明白了罗斯福的用意，开怀大笑起来，不再打听了。

罗斯福之所以能忠于自己的职责、严守国家机密，是因为他知道，人都有一个共性，喜欢打听隐秘的事情，打听到了之后，又不能守口如瓶，总是想方设法地告诉别人，以展示自己的能耐。罗斯福深谙其中之奥妙，所以，他对任何人都保密。罗斯福使用的是委婉含蓄的拒绝方法，其语言轻松幽默，表现了罗斯福的高超语言艺术：在朋友面前既坚持了不能泄露秘密的原则，又没有令朋友陷入难堪，取得了非常好的语言交际效果。

下面是一个现实中的例子。

两个打工的老乡，找到在某市工作的李某，倾诉了一番打工的艰辛，一再说住不起客店，想租房又没有找到合适的，言外之意是想要借宿。

李某听后马上暗示说："是啊，城里比不了咱们乡下，住房太紧了。就拿我来说吧，这么两间耳朵眼大的房子，住着三代人。我那上高中的儿子，没办法，晚上只能睡沙发上。你们大老远地来看我，应该留你们在家里好好地住上几天，可惜做不到啊！"

两位老乡听后，应和几句，知趣地离开了。

两个老乡没有直接向李某提出借宿请求，而只是一味地埋怨在城里找房子住如何困难；李某也假装没听出来弦外之音，立刻附和他们的观点，并说自己家住房如何紧张，为不能留他们住宿而表示遗憾。老乡听了这番话，既明白了李某的难处，又知道他在拒绝自己，只好离开了。

习惯于中庸之道的中国人，在拒绝别人时比较容易产生一些心理障碍，这是受传统观念的影响，同时，也与当今社会某些从众的心理有关。其实，做到"拒要求，留脸面"并不太难，可以尝试下面这些说法（做法）：

"哦，是这样，可是我还没有想好，考虑一下再说吧。"

"哦，我明白了，可是你最好找对这件事更感兴趣的人吧，好吗？"

"啊！对不起，今天我还有事，只好当逃兵了。"

"哦，我再和朋友商量一下——你也再想想，过几天再决定好吗？"

"今天咱们先不谈这个，还是说说你关心的另一件事吧……"

"真对不起，这件事我实在是爱莫能助了。不过，我可以帮你做另一件事！"

"你问问他，他可以作证，我从来不干这种事！"

"你为我想想，我怎么能去做没把握的事？你想让我出洋相啊。"

使用摆手、摇头、耸肩、皱眉、转身等身体语言和否定的表情来表示自己的拒绝态度。

拒人情，留自在

众所周知，我国是文明古国、礼仪之邦。在人际交往中，向来是很讲人情礼仪的。但是，当前社会上有的"人情"却远远超出了这个范围。

"重人情，讲面子"是中国人维持关系的一条准则，每一个在社会上"行走"的人，几乎必然会受到这一准则的影响——这种影响很可能使人变得说话瞻前顾后，凡事先考虑人情，失去了自我，更有甚者，为人情所奴役，做出违法犯罪的事来。

其实大可不必如此！每一个手中有点权力的人都应该清楚：对于不必要的人情、隐藏在人情背后的"不情之请"，正确的做法是张口拒绝——拒人情，留自在。

《史记·循吏列传》记载：春秋时期，鲁国有一位名叫公仪休的人，因德才兼备而被任命为鲁国相国。公仪休爱吃鱼，有一天有人送鱼给他，他却拒而不受。

送鱼的人就说："相国，你喜欢吃鱼，为什么不接受我送的鱼呢？"

公仪休说："正是因为我喜欢吃鱼，才不能收你的鱼。我现在任相国，有足够的薪俸自己买鱼吃；如果我收了你的鱼，而因此被免了官，断了俸禄，到那时谁还来给我送鱼，那样的话岂不是没鱼吃了吗？"

一席话说得来人哑然失笑，只好乖乖地把鱼提走了。

公仪休拒鱼，找了一个很好的借口——不因小失大。这是一个非常实在的道理：不受贿，可以用自己的薪俸买鱼吃；受贿，很有可能会丢官，丢官以后，人们就不再送"鱼"给你，而自己由于失去俸禄，便什么爱好都不能实现了。

东汉安帝时，杨震被委任为东莱郡太守，赴任途中经过昌邑县，县令王密迎接了他。王密是杨震推荐的，他对杨震感恩戴德，念念不忘，总想报答他，心想这回总算是有机会了。

夜里，王密怀揣十斤黄金，悄悄来到杨震住处，双手奉上。

杨震不看金子，笑问王密道："咱俩也算得上老朋友了，我很了解你，可你却不了解我，这是为什么呢？"

王密急忙声称金子是自家之物，绝非贪贿所得，敬奉老先生也只是略表寸心，并说："现在深更半夜，这事根本无人知道。"

杨震不怒自威，一字一句地说："天知、地知、我知、你知，怎能说是无人知道！"

王密仿佛遭到了迎头棒喝，顿时清醒过来，羞愧难当，无地自容，连声感谢杨震的教诲，收起黄金离开了。

杨震从此便有了"四知太守"的美名。

好一个"四知太守"，面对朋友的"寸心"，置身于深夜中的私人住处，依然能说出"天知、地知、我知、你知"的警示之话——在这样的一身正气的上司面前，下属还能有何非分之想！

国外也不乏"拒人情，留自在"的知名人物。

林肯就任美国总统以后，亲朋好友都想沾他的光。

为谋得一官半职，人们接踵而来。跑官客踏破了门槛，林肯因此在为国事操劳之余，还要为这无穷无尽的烦恼大伤脑筋。

有个代表团劝说林肯任命他们推荐的人来担任桑德威奇岛的专员。他们说，这个人有能力，但身体虚弱，那个地方的气候对他的身体有好处。

"先生们，"林肯叹息道，"十分遗憾，另外还有八个人已经申请了这个职位，他们都比你们说的这个人病重。"

一个女人迫切地请求林肯授予她的儿子上校军衔。

"夫人，"林肯说，"我想，你一家已经为国家做够了贡献，现在该给别人一个机会了。"

即使在林肯生病时，前来求职的人依然是络绎不绝。

一天，又有一个人来到林肯的病房。他一坐下就摆出一副要长谈的架势。正好总统的医生进来，林肯便伸出双手对医生说："医生，你看我的这些疙瘩到底是怎么一回事？"

"这是假天花，也可能是轻度天花。"医生认真地回答。

"我全身都长满了——我想，这种病是会传染的吧？"

"传染性确实特别强。"医生肯定地说。

就在林肯和医生的一问一答中，那个跑官客早已经站起身来了，他大声地对林肯说："林肯先生，我该走了，我只是来看望你一下。"

"啊，你可以再坐一会儿，别这么急嘛！"林肯开心地说道。

"谢谢你！林肯先生，我以后会再来拜访你的。"那个人说着，急忙向门口走去。

一人得道，鸡犬升天，这是一般人得势后对朋友的做法，也是一般人对得势的朋友的期望甚至是要求。

林肯拒绝跑官客，用得最多的是"耍滑"，用"另外还有八个人已经申请了这个职位"的说法，巧妙地回绝了某代表团提出的委任他们推荐的人担任桑德威奇岛专员的请求；以"你一家已经为国家做够了贡献，现在该给别人一个机会了"的说法，巧妙拒绝了那位母亲提出的授予她的儿子上校军衔的要求；以全身长满传染性极强的天花的自我曝光，巧妙地吓走了去医院找他的跑官客。

以上讲的是古人、外国人拒绝人情的例子，下面再来看一个发生在现代的真实的故事。

小徐和小杨是四川省仁寿县法院民一庭的两名法官。一天，二人一同办理一桩变更抚养权的纠纷案。

开庭前，被告的母亲贾老太太把一包启封的香烟放到了小徐的办公桌上，连声招呼："请抽烟！"

小徐回答："我不会抽烟。"

贾老太太示意性地用手在烟盒上轻轻地拍了拍，说："小伙子，不会就学嘛。"

这时，小徐发现贾老太太的表情有点异常，他马上意识到这包香烟可能有问题。他轻轻地打开烟盒——果然，烟盒里面装着好几张百元大钞。原来，贾老太太怕自己的儿子吃亏，就想用这种方法来和两名年轻的法官拉关系。由于当时办公室里人多而杂，小徐为了顾及眼前这位上了年纪的老人的面子，没有当众把这盒"香烟"的秘密揭穿。

处理完文书材料后，小徐让小杨把在走廊里等候的贾老太太请到办公室，非常严肃地对她说："老人家，全世界的人都知道吸烟有害健康——为了身体健康，请您把这盒'香烟'收回吧！"说着，小徐用双手把那盒香烟塞回贾老太太的手里，也轻轻地拍了拍，有所示意。贾老太太还想推辞，被小徐果断制止了。

那天下午，经小徐、小杨二位法官做了耐心细致的说服教育工作后，此案件当事人双方达成调解协议。贾老太太对此也十分满意。待儿子签收法律文书以后，贾老太太拉着小徐的手，意味深长地说："年轻人，不吸烟好呀，祝你们永远保持健康的身体！"

贾老太太并不是有意拉小徐、小杨两位法官下水的别有用心的人，她想走走人情，是为了让自己的儿子不"吃亏"。然而，事关法律尊严和司法机关的形象，如何处理这一人情，小徐、小杨两位法官面临着考验。面对一个老人出于爱子之心的糊涂做法和隐含的要求，小徐和小杨的做法无疑是非常正确的：在别人无所察觉中拒绝了对方的"心意"和请求，表面上不动声色，但彼此心照不宣。"拒人情，留自在"，这种做法好就好在留下了双方都需要的"自在"。

人生在世，谁没有儿女之情、朋友之谊，问题就在于这情该因何而发、因何而用。

中华人民共和国成立初期，毛泽东同志不断地接到亲朋故友的来信，有求他安排工作的，有找他为子孙入学说话的，也有托他做入党介绍人的……

毛泽东严格坚持原则，对于至亲好友，也一概不开后门；毛岸英也写信做工作，他在写给表舅的信中说："反动派常骂共产党没有人情，不讲人情，如果他们所指的是这种帮助亲戚朋友、同乡同事做官发财的人情的话，那么我们共产党正是没有这种'人情'，不讲这种'人情'。共产党有的是另一种人情，那便是对人民的无限热爱，对劳苦大众的无限热爱，其中也包括自己的父母子女亲戚在内……"

所以，关键是要辨清人情之味，看看究竟是哪种人情，再决定采取哪种态度。

笔者认为，当人情与以下情况相关时，我们则应该"拒人情，留自在"：违法犯罪，违背自己做人的原则，违背自己的价值观念，有损自己的人格，不符合自己的兴趣爱好，助长虚荣心，庸俗的交易，可能陷入关系网。

妥善表达，委婉含蓄尊重人

在语言沟通的过程中，委婉是一种很有奇效的黏合剂。 委婉是一种以真诚开放的沟通方式来对待对方，同时，也尊重他人的感受，不随便伤害别人的语言表达方式。 所以，委婉含蓄是语言表达的一门艺术。

委婉含蓄的表达比口无遮拦、直截了当地说更能展现人的语言修养。 直言不讳、开门见山虽然简单明了，但给人的刺激太大，非常容易伤害对方的自尊心。 例如一个服务员在向顾客介绍衣服的时候，不应该说"你的脸比较大，适合穿××的领子"，"你的臀部长得不完美，适合穿××的下装"，而应该说"你是不是觉得你穿上这种领型的衬衫会更漂亮？""这种强调颈部和夸张肩部的设计对平衡上下身的围度比例将会起到更好的调节作用，使整体匀称而又不失成熟之美"。 虽然前后意思相同，但后者委婉而有礼貌，比较得体，使人听起来轻松自在，心情舒畅，也更容易使人接受。

委婉含蓄的语言，是劝说他人的法宝，同时它更能满足人们心理上的自尊的需要。 换句话来说，委婉含蓄的语言就是成熟、稳重的表现。

也许有的人会反对，因为他们认为直言不讳地批评你的人才是真心对你好的人。

"真心"有真实、真诚的意思。 对别人说话时我们需要真诚，但不一定非要真实。 比如你看到一个长相欠佳的人，你一见面就如实地对他（她）说："你长得真难看！"你说人家听了之后会喜欢你吗？ 会不攻击你吗？ 你可能会委屈地说你是实事求是。 不错，你确实是实话实说了，可你也伤人了。 人常说恶语如刀。 所以，我们说话时要尽可能地说得含蓄、委婉些。 这样才能使周围的人接近你、亲近你。

其实，要让一个人对别人满意那是不可能的事，因为每个人都有自尊，都认为自己不错。 比如，碰到比他个子高的人，他会不屑地说："长得高有什么了不起的！"遇到比他矮的人，他也会嘲笑说："这么矮，难看死了！"遇到和他一样高的人，他会说："还不是和我一个样！"只是很多人从不表露出来而已。 从某种意义来讲，我们不是三岁小孩，口无遮拦。孩子说了真话，人们会说童言无忌，天真可爱，他们的真话可能会博得大家一笑。 可我们也那样讲话的话，肯定会被人鄙夷为愚蠢、骄傲自大。 这也就是蠢者说话口无遮拦、直截了当所造成的后果。

因此，不管什么时候，说话都要注意方式，多用委婉的语言来表达。 生活中，有很多问题都能用婉言表达，这更有助于消除怨怒，促进互相尊重，让人与人之间充满友好和谐的气氛。

丘吉尔说："要让一个人有某种优点，你就要说得好像他已经具备了这个优点一般。"如果有人碰到困难就畏首畏尾，或者办起事来优柔寡断，那么你不妨适时而委婉地说："这样前怕狼后怕虎的不是你以前的表现呀！""你是个很有决断力的人。"先给他戴上他应该具备的优点的高帽子，给予鼓励。由于给了他一个良好形象的定位，所以他也会为此而努力，从而改变目前的不当做法。 而不应直说："你这个人真是笨，什么事情都办不好。"这样一锤子就把他打死了，对方也会因此而丧失勇气和信心。

直话易伤人，何不绕个弯

在为人处世中，直言直语有时是一把害人伤己的双面利刃。 喜欢直言直语的人通常具有正义倾向的性格，语言的爆发力和杀伤力也都非常强，所以有时候这种人会被别人用来当枪使。 当与别人说话的时候，少直言指陈他人的处世不利，或纠正他人性格上的缺点。 无数个事实证明，这并非爱之深责之切，而是在和他人过不去。 每个人的内心都有一座堡垒，人们把自我藏在里面。 你的直言直语恰好把堡垒攻破，把别人的自我从里面揪出来。 所以，能不讲就不要讲，要讲就绕个弯再讲，点到为止。 另外，生活中，经常会听到"对事不对人"这个词。 所谓"对事不对人"，其实只是说说而已。 事是人计划的、人做的，批评事也就等于批评人了。

在日常生活中，对于直接的辱骂，听者很容易就能听出来，但如果说话人使用的是隐含的侮辱人的话，听话人就更应该注意了。 听话人不仅要善于听出对方的恶意，而且必要时还可以"以其人之道还治其人之身"，给对方一个含蓄的回击。据说，有一位商人看到诗人海涅（海涅是犹太人），就对他说："我最近去了塔希提岛，你知道在岛上最能引起我注意的是什么吗？"海涅说："你说吧，是什么？"商人说："在那个岛上呀，既没有犹太人，也没有驴子！"海涅却回答说："那好办，要是我们一起去塔希提岛，就可以弥补这个缺陷。"这里商人把"犹太人"与"驴子"相提并论，很明显是在暗地里骂"犹太人与驴子一样"，而海涅也听出了对方的侮辱和嘲笑，回答时话里有话，暗示这个商人就是头驴子，使商人自讨没趣。

直言直语有两种情况，要么是一针见血，要么是胡言乱语。一针见血地说出别人的毛病，即使出发点是好的，但因杀伤力极强，很容易使别人下不来台。如果能用婉转一点的方式提示别人，效果要远远好于直言直语。

胡言乱语会让人恼羞成怒，甚至怀恨在心，这会导致你人缘很差。这样的人，别人不是敬而远之，就是嗤之以鼻。

说话不加修饰，只会直言直语，也是一种无知的表现。有些善意的东西，若能够婉转表达，别人会产生感激之情。如果自己一味地直言不讳，别人会认为你是在与其过不去。

在与人交谈的过程中，总会有一些让人不便、不忍或者是语境不允许直说的话题和内容，这时候就要将"词锋"隐遁，或者是把棱角磨圆一些，使语境软化一些，好让听者容易接受。

从前，英国有个倒卖香烟的商人去法国做生意。一天，他在巴黎的一个集市的台上大谈吸烟的好处。突然，从听众中走出来一位老人，连个招呼也不打，就走到台上非要讲一讲不可。那位商人毫无心理准备，不禁吃了一惊。

老人在台上站定后，就大声说道："女士们，先生们，对于抽烟的好处，除了这位先生讲的以外，还有三大好处哩！不妨让我来讲给大家听听。"

英国商人一听老人说的话，转惊为喜，连忙向老人道谢说："谢谢您了，老先生。我看您的相貌不凡，说话动听，肯定是位学识渊博的老人，请您把抽烟的三大好处当众讲讲吧！"

老人微微一笑，马上讲起来："第一，狗见到抽烟的人就害怕，就逃跑。"台下的人都觉得莫名其妙，商人则暗自高兴。"第二，小偷不敢到抽烟人的家里去偷东西。"台下的人连连称怪，而商人则喜形于色。"第三，抽烟者永远年轻。"台下一片轰动，商人顿时满面春风，得意扬扬。

接着老人把手一握，说："女士们，先生们，请安静，我还没说清楚为啥会有这样三大好处呢！"商人分外高兴地说："老先生，请您快讲呀！""第一，在抽烟的人中驼背的多，狗一看到他们，以为他们要拾石头打它哩，它能不害怕吗？"台下的人发出了笑声，商人却吓了一跳。"第二，抽烟的人夜里总爱咳嗽，小偷以为他没有睡着，所以不敢去偷东西。"台下的人一阵大笑，商人在那里大汗直冒。"第三，抽烟的人很少有长寿的，所以永远都年轻。"台下的人一片哗然。

而此时，倒卖香烟的商人不知什么时候已经偷偷溜走了。

随着这样的步步深入，几个"迂回"，那个商人能不溜走吗？

曾经有这样一个故事，触龙劝说赵太后同意让她的小儿子到齐国做人质，也是运用了这种"迂回"的手法。他在众大臣劝说无果的情况下，上前劝说，先是关心太后的身体健康，然后又向太后请求为自己的小儿子安排工作，在一步一步打消了太后的思想顾虑之后，又用"激将法"说她是爱自己的女儿胜于爱小儿子，接着道出了"为之计深远"的大计，最后终于说服太后让其小儿子去齐国做人质。

可以想象，假如触龙直接劝说，是不可能取得好的效果的。其实，在说话时，在步入正题前先做一个"铺垫"，说话"迂回"一些，然后再一步一步导入重心，这样就会收到良好的效果，就像游览古典园林，"曲径通幽，渐入佳境"。

直话容易伤人，所以，请记住：正话要反说，硬话要软说，让自己的舌头绕个弯。劝你还是将那些直言、不中听的真话暂时搁在一边，以免让对方生厌。在现实生活中，很少有人因直言而让自己获得好处，这是成功处世的经验之谈。

说话过于直白会适得其反

唐文宗年间，一次，著名的诗人、太学博士李涉途经九江，遭到了强盗拦路抢劫。面对强悍的绿林大盗，李涉手中无任何武器，眼看着就要束手受辱。这时候李涉口吟一首七绝：

> 春雨潇潇江上村，绿林豪客夜知闻。
>
> 他日不用相回避，世上如今半是君。

那些强盗听后大悦，于是对李涉以礼相待，并平安放他过去，求的只是想要把诗留下来。俗话说："秀才见了兵，有理说不清。"何况李涉面对的是与官家为敌的绿林大盗，一句话说得不好，就会招致杀身之祸。这个时候李涉充分地利用了自己的优势，准确地把握住了对方的心理：第一，作为绿林好汉，讲的是义气，因此李涉首先非常尊敬他们，还称他们为"豪客"，而且还在诗中表示愿意和他们做朋友，不管什么时候见了都可以亲密地交往，不用"回避"，这就让那些绿林强盗不好再与他为敌。第二，作为一个强盗，忌讳的就是一个"贼"字，而李涉用的却是"客""君"这些字眼来称呼他们，并且把他们粗暴的拦劫行为说成是"夜知闻"后的善意相访，以上种种让强盗们不能再与他为敌。第三，作为著名的诗人，他以诗作答，显示了自己的身份，以自己的名声影响了强盗们的心理；并且还在诗中道出了他们在世上所占有的地位，提高了他们的身价，让他们不能不以礼相待。这时，这些一直受歧视的人认为，得到他的这首诗要比得到再多的钱财都还要珍贵。于是强盗不但没有伤害他，反而对他备加尊重。李涉正是准确地把握了对方的种种心理，因此仅仅用四句话就让自己转危为安。

这里我们可以想象一下，假如他不用变通的语言加以应对，可以说是必死无疑的，而他却打破了"老实"的说话技巧，保住了自己一命。

正所谓"祸从口出"。在人际关系日渐复杂的今天，一味"老实"地说话已经不再是可以畅通无阻的通行证了，只有会说话、懂得说话技巧，才能有立足之地。

1963年8月28日，美国黑人民权运动领袖马丁·路德·金领导了一场25万人的集会和游行示威活动，呼吁反对种族歧视，要求民族平等。当游行队伍到达林肯纪念堂前时，他发表了著名的《在林肯纪念堂前的演讲》。在这次演说中，他先是热情洋溢地赞扬了一百多年前林肯签署的《解放宣言》；然后，话锋一转，指出在一百多年后，黑人仍然处在水深火热之中，号召黑人奋起抗争，并且以诚挚抒情的语调，叙述了黑人梦寐以求的平等、自由的理想："黑人儿童将能够与白人儿童如兄弟姐妹一般携起手来""上帝的灵光大放光彩，芸芸众生共睹光华"。这篇演讲可以说是内容充实，感情热烈，气势磅礴，有着极强的感染力。这篇反对种族歧视、争取民族平等的战斗檄文，大大推进了美国黑人民权运动的进步。

语言的魅力是极大的，因此我们要学会巧妙地运用语言技巧。

曾有这样一个故事。

有一只蝙蝠冒失地闯入了黄鼠狼的家里，黄鼠狼看到自己送上门的猎物，恨不得一口就把它吞到肚子里去。

"怎么了！"黄鼠狼说道，"我和你势不两立，你还敢自动跑到我的家里来送死，你不是老鼠吗？你要敢否认，那我也不叫作黄鼠狼了。"

"请原谅，"倒霉的蝙蝠哭诉说，"瞧瞧我们的血统，我会是老鼠吗？坏家伙才会对你这样说。感谢上帝，给了我一双会飞的翅膀，展翅飞翔的神万岁啊！万岁！"

它讲得似乎很有道理，黄鼠狼只有把它放走。

事情也太不凑巧，过了两天，这倒霉蛋又闯入了另一只黄鼠狼的家中，再一次遭遇到了生命危险。

长嘴的黄鼠狼夫人看到了这只小鸟，想把它做成饭来填饱自己的肚子。蝙蝠此时却大声地辩解："你没有搞错吧！鸟是有羽毛的动物，你看看我，浑身上下没有一根毛，我是一只真真正正的老鼠。我要高喊，老鼠万岁！老鼠万岁！但愿神让猫不得好死！"

蝙蝠运用语言技巧巧妙地躲过了两次生命危险。

委婉拒绝，不伤情面

快出来，聚友酒店，晚上不醉不归。

让"领导"替你说"不"

让"领导"替你说"不"

在必要的时候，可以抬出或虚构出一个"领导"，把自己的意思通过"领导"表达出来，比自己直言拒绝的效果更好。

不好意思啊，你弟妹晚上让我跟她回娘家，今天真去不了。改天聚吧。

拒绝后，要提出合理的补救方法

对同事合理的求助，如果确实不能接受，可以在拒绝后提出一个补救的方法，让同事看到你的诚意。

我现在要赶一个老总亲自安排的文件，实在没时间，等忙完手头的活再帮你看。

这笔账我怎么都对不上，你经验丰富，帮我对一下吧。

刘总，关于我申请调部门的事，您看……

转移话题巧拒绝

对下属的要求，在还没想好如何解决的时候，可以及时转移话题，从而为自己争取到更多的思考时间。

今天咱们先不谈这个，关于你的工作问题，有件更重要的事……

第三章　谈吐不凡，幽默机智赢得人心

在交谈中运用幽默的技巧

俄国文豪契诃夫说："不懂得开玩笑的人，是没有希望的人！这样的人即使额头上高七寸聪明绝顶，也不算真正有智慧。"

生活中不乏这样的人，品行端正，为人朴实，却总是一本正经，没个笑脸，让人觉得枯燥乏味，可敬而不可亲。而富有幽默感的人就不一样了，他就是快乐的使者，走到哪儿，就把欢乐散播到哪儿。这样的人当然也有缺点，不过他们的语言妙趣横生，能使人愉快，所以人人都愿与之相处。

池田大作在《青春寄语》中也说："有幽默感的人不会让人厌烦，有幽默感的话题不会给人压力。"适时地运用幽默，将故事、笑话运用在谈话之中，会使语言更生动、有趣。

如果你想借助幽默的力量，与他人建立和谐的关系，以更好地达成你的人生目标，那么请尽快将这一构思付诸行动吧。多学几招幽默的技巧，将幽默融入你的生活和事业当中，你一定会觉得其乐无穷。

1. 故意曲解的幽默技巧

曲解的玄机在于对某些话的意思故意加以曲解，将说话者的思维引上岔道，以使人发笑。

有一次，国画大师张大千和京剧艺术大师梅兰芳同赴宴会。张大千走上前去对梅兰芳说："你是君子，我是小人，我敬你一杯酒。"梅兰芳和众人都大感不解。张大千便解释说："你唱戏，动口；我画画，动手——君子动口，小人动手。"众人听了，大笑不止。"君子""小人"的词义被张大千故意作了歪曲的解释，产生了十分幽默的效果。

误解也有可能是因为同音词、多义词、语法的不确定等因素无意中形成的歧义，同样也可以富有喜剧的趣味。本来，幽默中的表达者和反馈者彼此风马牛不相及，然而却被幽默拉在了一起，由此激发出趣味。

一对浪漫的男女刚走进电影院，发现已没有连座票，两个人无法坐到一起。这位年轻貌美的女孩以为解决这个问题很容易，只要请求自己邻座的那位男子和自己的男朋友调换一下座位就行了。

"对不起，"她轻声问邻座，"请问你是一个人吗？"

邻座的男子默不作声，她又重复了一遍。那个人还是目不斜视。她又问了一次，这次声音放大了一些。

"住口！"他对她说，"我妻子和孩子都在这里。"

这位多情的男子曲解了女孩的意思，虽正襟危坐，可是却已春心萌动，令人忍俊不禁。

2. 化解困窘的幽默技巧

一天，几位同学一起去看望高中老师。已经很多年没有见自己的学生了，老师看见他们非常高兴，一一询问每位同学的情况。

"见到你真高兴，"最后，老师问一位女同学，"你丈夫还好吧?"

"对不起，老师，我还没有结婚……"

"噢，明白了，你的丈夫还没有娶你!"

一个很尴尬的场面，经老师这样幽默的一句话，马上就变得轻松愉快了，同时也没让女同学过于尴尬。老师第一句话错在按通常思维发问，没想到却问了一句"蠢话"，这位老师的幽默之处就在于知道错后，急中生智，又说了一句"蠢话"，此时大家都知道他是有意为之，自然心领神会。

3. 戏谑幽默术

幽默的最大功能是可以减轻心理压力，避免或消除紧张的人际关系，尤其是在自己占据了精神优势以后，幽默则能起到维护你对手自尊心的效果。

一次，演说家杰生在纽约演出，他决定在演出之前先到一家知名的小吃店吃点东西。

"您是初次来本店吧?"一位男服务员问他。

"是的! 这儿是一个很好的地方。"杰生说。

"您来得真巧,"男服务员接着说,"今天晚上有杰生的演说。很精彩的,我想您一定想去听听吧?"

"是的,我当然要去。"杰生说。

"您弄到票了吗?"

"还没有。"

"票已经卖完了,您只好站着听了。"

"真讨厌,"杰生叹了口气说,"每当那个家伙表演时,我都必须站着。"

杰生吃完就离开了,可出门时却被一位女服务员认出来了。她对那位男服务员说:"刚才那位是杰生先生。"

"啊!"想到刚才的情境,男服务员被杰生的幽默感染了,忍不住哈哈大笑起来。

有一个叫高明的年轻人非常有幽默感,且善于恭维。某日,高明请了几位朋友到家中一聚,准备施展一下自己的特长。他站在门口恭候,等朋友们陆续到来的时候,便挨个问了同样一个问题:"你是怎么来的呀?"

第一位朋友说:"我是坐计程车来的。"

"啊,华贵之至!"

第二位朋友听了,眉头一皱,打趣道:"我是坐飞机来的!"

"啊,高超之至!"

第三位朋友脑筋一转："我是骑脚踏车来的。"

"很好啊，朴素之至！"

第四位朋友害羞地说："我是徒步走来的。"

"太好了，健康之至呀！"

第五位朋友故意出难题："我是爬着来的。"

"哎呀，稳当之至！"

第六位朋友戏谑道："我是滚来的！"

高明不紧不慢地说："啊，真是周到之至！"

众人一起大笑。

高明的戏谑幽默技巧几乎天衣无缝，既恭维了每位朋友，又没有伤害其他人，表现了他借题发挥、即兴诙谐的才能。

1981 年 1 月，里根入主白宫，3 月 30 日遭到枪击。他在痛苦和昏迷中忽然发现妻子南希就在他身边，便下意识地想找一句安慰她的话。突然，他想起了拳击运动员爱尔兰人杰克·登普西。他对妻子说："亲爱的，我忘了躲了。"也正是这句幽默的话，使南希顿时破涕为笑。

里根在如此生死攸关的时候还能打趣自己，其乐观的精神着实令人叹服。假如你也想在生活、事业中获得成功，那么请学学这种乐观的精神，使你自己也拥有一个多彩而幽默的人生吧！

幽默常能潜隐人生美妙

有人说，幽默是日常语言中一种很巧妙的艺术，妙就妙在它深入浅出，自然组合，使原本没有意义的话变得高雅含蓄而富有情趣。

不知你是不是碰到过这样的事，当你问某人话时，他的回答与你的提问丝毫不相干，且又充满着幽默感，弄得你啼笑皆非。然而，由于事出突然，反而引来一场令人捧腹的哄堂大笑。

这就是答非所问的幽默法。但是，使用这种幽默时要适度得体，任意地把一些毫无意义的词句拿来拼凑笑料则不合适。

比如在交谈中，有意识地答错对方所提出来的问题，并且由于你的回答既风趣又无恶意，所以是可以收到很好的幽默效果的。

一个人出差在外，心里惦记着家中的妻子，于是打了个长途回家。接通电话，听见妻子的声音时，他迫不及待地问："老婆，你现在在做什么？"妻子说："我现在在和你通电话。"

妻子这种答非所问的幽默感，给了出门在外的丈夫一个好心情，他办起事来也顺利多了。

其实，答非所问只是幽默的一种，你的表情、手势、声音等，都能作为增强幽默感的工具。

假如我们在日常生活中善于使用这些工具，那么，和别人交流起来就会轻松得多了。

为什么我们在看欧美电影或电视剧时，总觉得他们不仅是在对话，有时候一个眼神、手势或身体动作都充满着幽默感？就是这个原因。

我们应该多学习一些欧美人用来加重说话语意的表达方式，因为这里面有一种无声的幽默感，使说话的语气更加吸引人。 值得注意的是，虽然这种表达方式能增加幽默感，但动作不可过多，否则的话，可能会收到适得其反的效果。

此外，千万不要去模仿残疾人的动作，因为那不是幽默，而是一种非常不道德的行为。

还有一种极具幽默感的方式，就是向别人揭自己的伤疤，即向别人述说自己失败的教训。

这并不需要多么高深的技巧，只要你可以不顾及自己面子，恰当地把当时的情景向对方叙述一遍，就可以获得幽默的效果。

下面是日常生活中几种常见的幽默方式。

1.诙谐机灵

希区柯克是一位著名的电影导演，有一次，他在一部大片中雇用了一个大明星、大美人来担任女主角。

这位明星为了将自己身体最美的部分充分展示出来，就一再暗示希区柯克，希望调整好摄影机的角度，拍到她最美的一面。

很明显，她的这个要求不符合希区柯克对这部巨片的拍摄要求。于是，他假装不解地向那位明星说："很抱歉，我做不到！因为你压在椅子上的正是'最美的一面'。"

希区柯克有意把"最美的一面"理解为屁股，用错误理解语意的幽默法逗得全场人哈哈大笑，使得那位大明星也不好意思再胡搅蛮缠地不顾影片需要去拍摄她"最美的一面"了。

寓庄于谐的语言的确是妙不可言，它给予人们内含深刻的幽默情趣，又使人们在笑声中感悟到一石二鸟的寓意。

2. 含蓄深刻

一般来讲，幽默是一种寓深远于平淡、藏锋芒于微笑的表达方式。

尖锐深刻的言辞人们都会避免使用。但是，在某些特殊的情况下，它也可以展现出锋芒，使人们产生会心的大笑。

有一天，幽默大师马克·吐温去拜访法国一位名叫波盖的名人。交谈中，波盖以一种非常不屑的口吻取笑起美国短暂的历史来。

他说："美国人无事的时候，往往喜欢想念他的祖宗，但是一想到他的祖父那一代，就不得不停止了。"

听了这话，马克·吐温心里自然很不是滋味，但是，他并没有想过要用什么尖刻的语言去刺痛或反击波盖，而是以蕴含深刻并且风趣的语句回敬道："当法国人无事的时候，总是尽力想找出究竟谁是他的父亲。"

由此看来，幽默并不是只能取笑逗乐，而还可以具有穿透力，是对那些卑劣可笑的言谈举止予以痛击的武器。当然，痛击绝非破口大骂，否则就不叫幽默了。

3. 温和亲切

一位老师曾经这么说：幽默有三级阶梯，上了第一级阶梯的人是听别人说笑话的时候会发笑，这种人具有最初层次的幽默感；上了第二级阶梯的人是自己能够来一点儿幽默，使别人听了他说的话后感到好笑，这种人就具有很不错的幽默感；上了第三级阶梯的人则是能够自己把自己拿来幽默一番——自嘲，这种人就达到了高品位的幽默。

由此可见，幽默本身并没有贫富贵贱之分，贫富平等和充满人情味的有趣言谈是幽默的一个非常重要的特征。

美国第十六任总统林肯其貌不扬，但他自己不管在什么场合下，也总是很坦率地承认这一点，并没有因自己长得不好看而失去半点自信。

有一次，道格拉斯在与他辩论时指责他是两面派，一般人听到这话肯定就要暴跳如雷了。不过，林肯总统是如何面对的呢？他回答道格拉斯说："现在，请听众来评评看，如果我还有另一副面孔的话，我还会戴着现在的这副面孔吗？"

结果是引起了全场听众的笑声和掌声，而这不是很自然地就说明了道格拉斯的指责的荒谬无理吗？

有一位厨师看了某位作家的作品后发表了一些不一样的看法，作家心里非常不高兴，就对那位厨师说："你没从事过写作，因此，你无权对我的作品提出批评。"

谁知厨师非但没有因为作家的话而感到自卑，反而以一句让人听后忍俊不禁的话来回答说："哦，我这辈子没有下过一个蛋，可我能尝出炒鸡蛋的味道如何，母鸡能么？"

怎么样？ 幽默不分贫富贵贱，总归是有一定道理的。

具有幽默才能的人是值得人们佩服和欣赏的，因为幽默的语言不仅给人们带来欢笑，更重要的是可以使人们在欢笑声中体悟出其中的含意和哲理。

幽默是化解敌意的妙药

幽默的大忌乃是敌意或者对抗，幽默产生在避免冲突、消除心理重负之时。 但这不是说一旦使用幽默，敌意与冲突就注定自行消亡，这要看幽默的主体是否有足够的力量，帮助你从危险的冲突、怨恨的心理、粗鲁的表情和一触即发的愤怒中解脱出来。

即便你不可能改变你的攻击性，幽默也极可能帮助你钝化攻击锋芒，或者说，因为恰如其分地钝化了攻击的锋芒，你的心灵得到了幽默感的陶冶，你便可以游刃有余地以更加有效的方式来表达你的意向，并避免搞僵人际关系。

这的确是需要更高一等的智慧和更宽容更博大的胸怀。几乎每一个面对冲突的人都面临着对自己的幽默感的严峻考验，而只有少数人能够经得起考验。

　　作家冯骥才访问美国时，有一个很友好的华人全家来拜访，双方相谈甚欢。忽然，冯骥才发现客人的孩子穿着鞋子跳到了他洁白的床单上，这是一件令人十分不愉快的事，恰恰孩子的父母却没有发现这一点。冯骥才任何表示不满的言语或者表情，都可能导致双方的尴尬。

　　幽默感帮了冯骥才的大忙。他非常轻松愉快地向孩子的父母亲说："请把你们的孩子带到地球上来。"主客双方会心一笑，问题就圆满地解决了。

从语言的运用来讲，冯骥才只是玩了个大词小用的花样——把"地板"换作了"地球"，整个意味就大不相同。地板是相对于墙壁、天花板、桌子、床铺而言的，而地球则是相对于太阳、月亮、星星等天体而言的。冯骥才用"地球"这个概念，把双方的心灵空间带到了茫茫宇宙中。此时，孩子的鞋子和洁白的床单之间的矛盾被淡化了，而孩子和地球、宇宙的关系掩盖了一切。

幽默风趣，提升形象

聚会聊天时，适当说些笑话，能起到活跃气氛的效果，还能吸引听众的注意力。

估计再也没有如此巧合的事情了。

我这里有更巧的，我爸爸和我妈妈的婚礼恰好在同一天。

适度夸张

将事情进行适度的夸张，营造出一种夸张的喜剧效果，也是幽默的有效方法之一。

你真是大忙人，我都来一百多趟了，鞋都磨坏了两双，终于见到你了。

一语双关

一语双关是利用语义相关或语音相似的特点，使语句具有双重意义，造成言在此而意在彼的幽默效果。

叔叔碰壁碰得多了，鼻子就变得又扁又平了。

叔叔，你的鼻子为什么又扁又平呢？

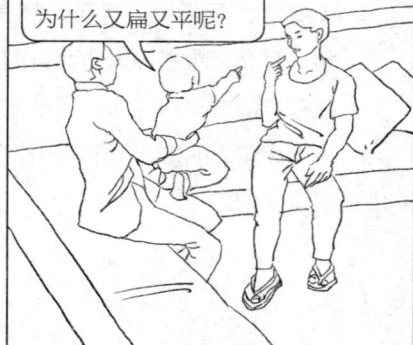

中篇 会办事

扫码收听全套图书

扫码点目录听本书

第一章　未雨绸缪：用心打造一个全方位的关系网

用心"存储"人脉关系

　　我们不妨把建立人脉关系比喻成往银行里存钱。 每一家过日子，谁都有一本或好几本银行存折，如果你每个月定时存五百元，到了年底，你会发现，存折上不是只有六千元，同时会多出一部分利息，这笔钱若提出来，就能派上用场。 建立人脉也是一样的道理，平常学会存储，到用时才方便自然。

　　建立人脉关系可以比喻为存钱，说得直接一点就是：先存后取。

　　"先存后取"的比喻的确很现实，有"利用""收费"的味道，但换一种角度来看，构建人脉关系本来就有众多的好处，不能只用"现实"的眼光来看；而这些人际关系，将成为你一生中珍贵的财产，尤其是在关键时刻，会对你产生很大的帮助。 建立人脉关系网就像银行存款一样，平时少量地存，有急需时便可解燃眉之急。 而别人对你的善意回报，有时是附加"利息"的，就好像银行存款会有利息一样。

　　那么应该如何维系自己的人脉关系呢？ 不妨参照以下

四点：

1. 不忘与人方便

与人方便要自然，不要过于突然，太突然了别人会以为你别有居心，从而会有防卫的态度。因此与人方便宜不必刻意，而要自然、有诚意。

2. 不忘关怀别人

"关怀"没有限制，不管是物质关怀还是精神关怀都可以，特别是在对方不得意或遭遇困难时，这种关怀更加有力量。

3. 不得罪别人

得罪人对人脉关系的建设破坏很大，如果不愿积极主动地去建立关系，至少也不可轻易得罪人。

4. 不在乎被人占便宜

被占便宜看起来是一种损失，其实却是一种投资，因为对方会觉得对你有所亏欠，到了合适的时机便会有所回报。当然，太大的亏是不必要吃的，但如果明知讨不回公道，那也就只能认了。另外，有些人占了便宜还卖乖，也不觉得对你有所亏欠，对这种人不必有所期望，但让他占便宜总比得罪他的好。

维系人脉关系的方法并非只有上面说的这几种，但只要懂得"人际关系的建立和在银行存款一样"的道理，那么即使方法再简单，也会有效果。 成功的关键一定程度上在于是否拥有良好的人际关系。 现实生活中，有这样一种现象：有的人处处受欢迎，到处都有"死党"；而有的人却没人理睬，缺少朋友。 其中原因可能有很多种，但是，是否善于和他人拉近关系无疑是众多原因中最重要的。

如果具备了好的人缘，就要充分利用它，使它帮助自己在现代社会中立足，同时起到相应的积极作用。

有了好人缘，才能扩大交际圈。 无论是谁，多少都会有几个朋友或同学、同事、亲人。 这些人虽然也是你的人际资源，但是严格讲起来，朋友的范围应更广、基础更深才行。

每个人都有自己特有的交际圈，而且具有自己的特色，不会完全重合。 那么，我们就可以利用朋友的关系，由朋友搭桥，与他的朋友圈建立联系。 这样就扩大了自己的活动半径，也可以在新的圈子里认识更多朋友。

如果希望广结人缘，在我们周围，就有不少人选，等待你去开发利用。 比如你的长辈、同辈兄弟，他们的工作内容可能和你毫无关联，但是他们都有一些朋友。 这样一来，长辈和兄弟也可以作为你广结人缘的对象，也就是说，如果以长辈和兄弟为媒介，就能够结识到更多的朋友。 你的姻缘亲戚，也都是你广结人缘的对象。 这样仅仅借助血缘的关系，就可以使你的交友范围逐渐扩大。

再把目标转移到你的家乡。 一些父老兄弟，由于与你是同乡的关系，能够迅速地结成朋友。 然后在你现在的住所周围，也可能有能成为你朋友的人。

现在再来看同学。 每每想到同学，就会勾起自己从前的美好回忆。 也许你遇到的是曾在同一宿舍里的室友，也许是曾经共同患难的朋友，不管怎样，利用同学关系，常常能找到多年未曾相见的朋友。 同学关系非常珍贵。

除了同一间办公室的同事，在公司内和你有过接触的其他同事，也是你可以考虑结交的对象，但是问题在于当你离开了这个单位以后，这种交往是否能保持。 值得注意的是，千万不要只交一些酒肉朋友。

只要你有心多结识一些朋友，扩展你的人脉关系，机会多的是，像共同兴趣的社团、各种活动中心，都是你可以利用的场所，但最重要的是要认清人际关系，不要盲目交友。

在生活中，志趣相同的人毕竟不多，如果我们只与这些少数人来往，那么我们结交朋友的范围就会十分有限。 只在一个极小的圈子里，不多向外拓展，这不是聪明人所应持有的交际态度。

其实，与各式各样的朋友交往，对我们自己非常有利。 就像吃东西一样，我们只吃自己爱吃的东西，就可能错过很多其他的好东西，这可能会导致营养不良。 朋友也是一样，只与自己性格相似的人来往，我们的交往范围就会受限，从而会阻碍自己的发展。

每个人都有独特的性格特点，在交往中，如果我们要认识更多的朋友，就要与不同性格的人交往。 "横看成岭侧成峰，远近高低各不同"，对于性格不同的人，我们要从不同的角度去看，这样我们看待他人就比较客观，不会盲目地以主观的意志去衡量人、判断人。

因为与他人相处，不仅仅可以拓展社交圈，还可以从他人身上学到很多自己不具备的东西。 通过与他人交往，我们的知识会越来越丰富，信息来源会越来越广泛，看待问题也会越来越深刻。 总之，与不同性格的人交朋友，会使我们获益匪浅。

利用熟人寻找机会

有了人脉才能做成事，有了人脉关系才好说话。 不愿意建立人脉关系、不善于建立人脉关系的人，很难把每件事都顺顺当当办成，更不要说是难办的事了。

平时生活中，英雄难过熟人关。 有了熟人，才有人情，有了人情，才好说话，有良好的人脉关系，才能把别人办不成的事顺利办成。

一位赵小姐给小李打电话。说起来，她们两个是校友，大学在同一个学校学习，只不过专业不同，大二时两人在一个社团里相识，毕业之后很少联系。

小李接到赵小姐的"叙旧"电话，当然很意外。聊了一会儿，赵小姐便说出了自己的近况——她刚刚开始做公关，手头正好有个项目，这个项目的市场竞争很激烈，而且时间很紧，但是却很重要。她希望小李帮她介绍一个报社的记者。问过大致情况，小李便介绍了一个合适的记者给她。这个记者跟小李的关系不错，而且也比较容易说话。

得到记者的电话时，赵小姐表示万分感谢。一个多月后，她又给小李打来电话，说要请小李吃饭，因为小李介绍的那个记者帮了她的大忙，这次的公关活动她做得很成功。

有一项很有趣的研究表明：任何人和世界上的任意一个人之间的距离只隔着六个人，不管你和对方身处何处，来自哪个国家，是哪个人种，拥有何种肤色。但前提是这六个人之间肯定有着理所当然的关系。不用惊奇，构成这个奇妙六人链中的第二个人，很可能就是你认识的人，也许是你的父母，也许是你的同学，也有可能是公司里的清洁工阿姨。由此可见，人脉其实很好建立。

有了人脉关系，你还要会利用。

有一位刚刚毕业的留学生，想回国发展，找了很多份工作，都没有成功。有一天，他在网上看到一家跨国公司在中国区招聘一个职位，觉得这个职位很适合自己，但是这个岗位应聘的人太多，自己突破重围的概率实在是太小了。于是，他想起在他们学校的校友录上曾看到过一位学长是这个公司的高层，于是他连夜写了一封电子邮件，发给了这位从未认识过的学长。在这封信中，他强调自己和他是校友，是某某大学的应届毕业生，非常重视这次应聘并且很希望学长能给他一次机会，他还随邮件附上了一份自己的个人简历。

当时他也没对此抱有多大的希望，心想即使那位学长回信，一般也就是一些场面话而已，根本不可能马上就给他答复。

但是没想到一天之后，那位学长不但给他回复了，而且回复的结果也出乎他的意料，以至于让他有点不敢相信了。信里说让他在第二天直接参加面试，还附赠了一些祝成功的祝福语。最后，他顺利通过了面试并得到了这个职位，显然，他与学长的联系起了关键作用。

历史上也有这样的例子。

至正十二年（1352）闰三月初一，朱元璋投靠郭子兴，却被守城的将士误以为是元军的奸细，差点没把他给杀死，幸亏被郭子兴及时救下，收为步卒。从那以后，朱元璋采取了"关键关系术"。

朱元璋是个聪明人，他知道郭子兴对自己以后的发展有着巨大的作用，拉近与郭子兴的关系，也就等于拉近了自己与成功的距离。因此他非常努力，凭借出色的成绩，让郭子兴相信自己并未看错人。

成为步卒后，朱元璋每天在队长的带领下，与大家一起勤练武艺。他非常明白，要想出人头地，以当时的条件，唯一的途径就是努力，只有这样才能引起郭子兴的注意。

所以，练习时他总是比别人练得刻苦，练得认真，练得时间长，十几天之后，就已经成为队里出类拔萃的角色。郭子兴非常欣赏他，每次领兵出击，都会把他带在身边，而朱元璋也总是用心地护卫着郭子兴，作战十分勇猛，斩杀俘获不少敌人。

不久，因表现出色，朱元璋就被郭子兴调到元帅府任亲兵九夫长。碰到重要事情，郭子兴也不忘征求一下他的意见，每次他都尽力谋划，借机充分展现自己的才能。这使郭子兴越来越觉得他有胆识、有勇有谋，是个不可多得的将才。

后来，郭子兴开始派朱元璋单独领兵作战。每次打仗，朱元璋总是身先士卒，冲杀在最前线，获取的战利品，他又分毫不取，全部留给部下，所以部下都非常拥护他，每次出战，大家都齐心合力，奋勇杀敌，所向披靡。

郭子兴见朱元璋带领的部队凝聚力大增，战斗力也大为提升，于是比以前更加器重他，把他收为心腹，让他真心真意、死心塌地地跟着自己干。

朱元璋能把事业干大，很重要的一点就在于他把人脉关系放在了重要位置。由此可见，依靠人脉关系打天下，远比自己一个人苦干要强得多。

不吃独食，人人有份

在人际关系中，要注意彼此之间的互助合作。在面对利益的时候不可独吞，因为只有共享、双赢，才能长久，才能和谐，以后的路才会更好走。

晚清名商胡雪岩虽没读过什么书，但是他却从平常的生活中总结出了一套自己的哲学，总的来说就是："花花轿子人抬人。"

胡雪岩成功的原因是他善于观察人的心理，他把士、农、工、商等各行业的人都聚集到一起，利用自己在钱庄的优势，和这些人共同创业。由于他长袖善舞，所以这些人都愿意和他合作，并且他在与人合作的过程中逐渐地树立了自己的威信。他与漕帮协作，按时完成了粮食上交的任务。与王有龄合作，因为王有龄是知府，所以胡雪岩借此得到了一些非常难得的商机。这些互利互惠的合作，使胡雪岩从一个小学徒工变成了一个掌握大量财富的巨商。

每个人的力量都是有限的，其实这不单是胡雪岩需要面对的问题，也是我们每一个人要面对的问题。只要有心与人合作，善假于物，就能取人之长，补己之短。当然最好是能互惠互利，寻找一个双赢的竞争策略，这样才能让合作的双方都从中得到益处。

我们常说人生就像是一个战场，但人生毕竟不是战场。战场上敌对双方不消灭对方就会被对方消灭。而人生赛场则不一定要这样，我们不是非得争个鱼死网破、两败俱伤，好好地协商，一起合作，又何尝不是个好办法。

在大自然中，动物间弱肉强食是一种很普遍的现象，这是因为动物需要生存。人类社会和动物界有所不同，个人和个人之间、团体和个体之间是相互依存的，除了竞争之外，我们还可以相互协作。

当今社会，聪明的人都知道"生意不成情意在"的道理，这就是采用"双赢"的竞争策略。 这倒不是小看自己的实力，向对手认输妥协，而是为了现实的需要，就像前面提到的，任何一个"单赢"的策略对你反而是不利的，因为它必然会产生一个非常负面的后果：除非对手是一个很软弱的角色，否则，你在与对方的对峙过程当中，必然会付出很大的代价和成本，在你打倒对方获得胜利的时候，你大概也已经心力交瘁了，而你得到的可能还不足以偿付你的损失。

除此之外，你不可能将对方绝对地消灭，而你的"单赢"策略可能会引起对方的愤恨，这是一种潜在的危机，可能会陷入冤冤相报的恶性循环里。

而且，在争斗中，不能保证没有意外发生，而这可能会让本是强者的你反胜为败。 所以不管从哪一个角度来看，那种"你死我活"的争斗，对双方的实质利益、长远利益都是很不利的，因此你应该活用"双赢"的策略，懂得相依相存的道理。

所以，"双赢"作为一种良性的竞争方式，更适合于现代社会中的竞争。

向成功人士靠拢

人脉是事业成功的关键。 依靠丰富的人脉关系，可以取得丰富的财富资源。 现实生活中，绝对不能缺少人脉，因为良好的人脉关系可以帮你找到通向财富的大门。

爱德华·鲍克被认为是美国杂志界的一个奇才。但是，在最开始的时候他非常穷，从小在美国的贫民窟长大，一生仅上过6年学。

6岁的时候，鲍克就跟随家人移民到了美国，在上学的时候他就要每天工作为家里赚钱。打扫面包店的橱窗、派送星期六早上的报纸、周末下午去车站卖冰水，每天晚上为报纸传递以女性为主的聚会消息……他从小就开始做各种工作，什么样的脏活、累活都干过。

到了13岁的时候，鲍克便辍学去了一家电信公司工作。然而，他并没有放弃学习，仍然不断地自学。他省下了车钱、午餐钱，买了一套《全美名流人物传记大成》。

紧接着，鲍克做了一件以前从来没有人做过的壮举：他直接给那些书上的人物写信，还询问他们书中没有记载的童年往事。例如，他写信给当时的总统候选人哥菲德将军，问他是否真的在拖船上工作过。他也曾写信给格兰特将军，询问了他有关南北战争的事。

那个时候，他只有14岁，每周的薪水只有六元二角五分，小鲍克就是用这种方法结识了美国当时最有名望的大名人，其中有哲学家、诗人、名作家、军政要员、大富豪。当时的那些名人也很欣赏他，他们都很乐意接见这位充满好奇又可爱的波兰小移民。

自从鲍克获得了名人们的接见后，他便立下了远大理想，希望能够做出一番属于自己的事业。为了这些，他努力学习写作技巧，然后向上流社会毛遂自荐，希望替他们写传记。

这时，订单像雪花一样飞过来，鲍克雇用了六名助手帮忙。那个时候，鲍克还不到 20 岁。

不久之后，这个具有传奇色彩的年轻人，被《妇女家庭杂志》邀请做编辑。在这里，他一直坚持做了 30 年，这份杂志是 20 世纪美国的第一大女性杂志。

我们可以从鲍克的成功事迹中受到启发和教益：成功带来财富，而财富是丰富的人脉资源带来的。

其实，像这样的例子数不胜数。闲暇无事的时候可以静下心来想想，在我们身边或许也有这样的例子，只是有时自己"看"不到而已。那么从现在起你也可以尝试一下，其中的奥秘自己会慢慢感知到。

高智商是很多海外华人富豪成功致富的基础，但也有一些华商，凭借着华夏民族的文化底蕴，灵活运用各种关系去攻克海外"商城"，他们的成功也显得那么水到渠成。

沈鹏冲、沈鹏云兄弟两人在 1955 年来到巴西圣保罗市寻找新的发展机遇。有一次，沈鹏冲去南里奥格兰德州首府阿雷格里港旅行。在一间餐馆吃饭时，他发现这里有一种意大利肉鸡的味道非常好。在饱餐一顿后，他还打听到，这种意大利肉鸡是当地一种有名的肉食，深受当地人的喜欢。

沈鹏冲惊喜万分，他顾不得旅行，火速赶回圣保罗与弟弟商量养意大利肉鸡一事。

在经过一番商议之后，兄弟俩虽然觉得此事很有前途，但是由于自己没有足够的资金，根本无法将养鸡场办起来。他们连续几天奔走找银行贷款，但是都没有成功。在苦思冥想之际，弟弟沈鹏云突然想到自己的人脉关系，他们可以利用它完成资金的筹集。

兄弟俩想出了一个巧妙的方法，他们策划组织了一个互助会，其实它的实质不过是一种合作社，他把相识的朋友、邻里、工友招募过来，并且保证参加互助会的成员投入的本金和利息一定能够按时归还，还能获得较好的分红，因为现在互助会所筹集的资金是用来投资有发展前途的意大利肉鸡场的。经过两人的大力宣传和登门游说，他们利用自己的人脉关系，筹到了1万美元的资金。

就是用这1万美元，他们在阿雷格里港郊区建起了一个小养鸡场，取名为"阿维巴农场"。

当时兄弟俩的公司平均每年可供应180万只鸡，仅此一项业务，每年营业额就超过1.65亿美元。养鸡场不断地发展，沈氏兄弟的财富也在不断地增多，他们不断拓展业务，先后又办起了4家贸易公司，在这些方面的年营业额也已经达到了2亿美元。

成功的人只有少数。这些少数人之所以能够成功，通常是因为他周围有很多人在帮助他。一个能够获得多数人帮助的人，他的成功也会是自然而然的。一般来说成功有两条路：一是让人提拔和栽培；二是被人拥戴。通过有计划地结识他人，跟更多人打交道，建立友谊，而其中的目的就是要拓展所拥有的关系资源，让每个人有更多的机会。

1996年，在台湾省总部公司工作的小王被外派到上海分公司工作，他在上海工作了2年后提出了辞职，但他向公司总部提出一个请求：允许他继续使用以前公司给他配备的那个手机号码。

小王说，他在大陆工作的这两年里，人际关系是他获得的最大的资源。如果一旦把手机号换了，原先的那些朋友、客户就很有可能联系不到他，这样的话，他就会失去很多重要的资源。

从20世纪90年代起，大陆的招商引资工作便如火如荼地开展起来。以苏州、昆山为代表的江浙一带，更是其中的大热点。

小王在辞了工作以后，又找了另外一份工作，成为"苏州工业园区"的高级顾问，这份工作的月薪达到1000美金。顾问的工作，其实就是向那些有兴趣到大陆投资的台商介绍苏州，为他们找到适合自己的项目，说服台商在工业园区投资设厂，并为他们争取尽可能多的优惠条件，从而从中赚取高额的佣金。而做这项工作的前提就是必须要有深厚的人际关系。

这一点小王在很早的时候就做了准备。在来上海的第一年里，小王就到人才汇集的清华大学里面念了MBA，在学习过程中，他认识了很多企业老总。除此之外，他本身台湾人的身份也有助于他成功，因为他精通闽南话，与台湾人相聚时，大家都讲家乡话，一下子就亲近好多，什么事都好谈一些。慢慢地，小王便成了小有名气的"热心肠"，有新到的台商经常会"慕名"找上门来，他也很乐意在这些人身上花费时间和金钱，因为这些人都有可能成为他将来的合作伙伴。

利用广泛的人际关系，小王为工业园区陆续引进了几个大项目的投资。后来，他又兼任了昆山等几个开发区的顾问。通常，他名片上的顾问头衔增加一个时，他的收入就会增加一倍。人脉关系为他创造了巨大的财富。

好人脉就是竞争力

有人脉，办事不再难

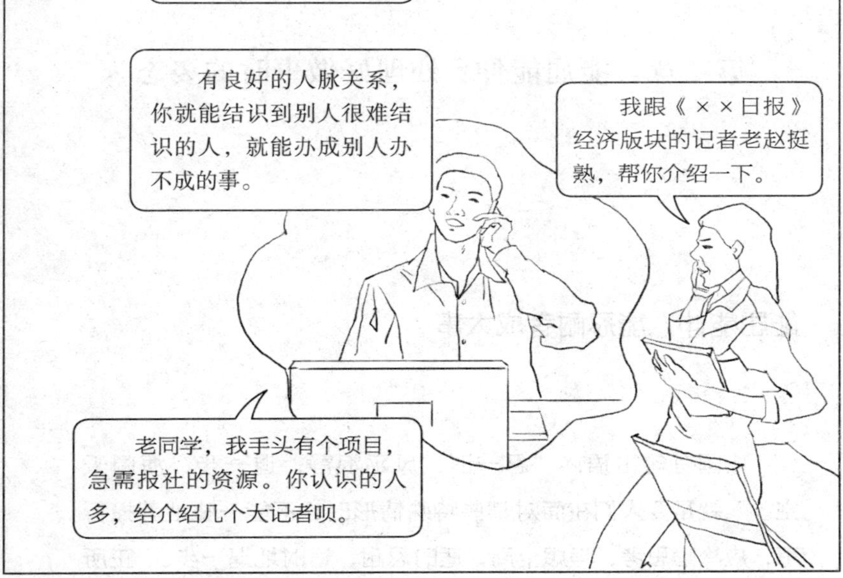

向成功人士靠拢

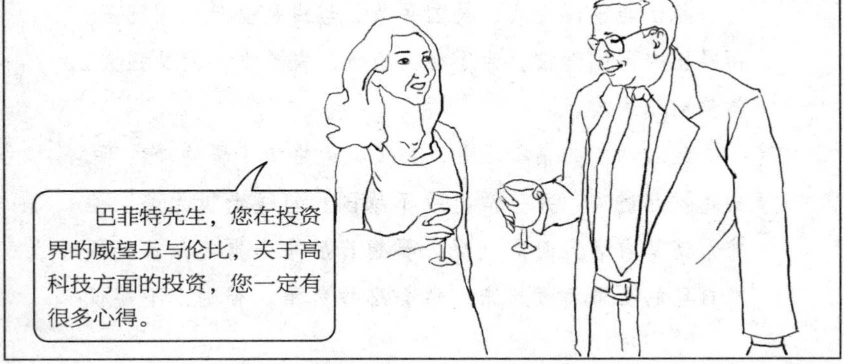

第二章　能屈能伸：处理好做事时的姿态

能屈能伸，能忍耐者成大事

中国有句古语："忍一时，风平浪静；退一步，海阔天空。"就是要人们在面对某些特殊情形时，不能一味地莽撞行事，应冷静思考，考虑全局，适时忍耐，适时地退一步。正所谓"大丈夫能屈能伸"，我们应该懂得以退为进。

忍耐是大智者所为，也是一种生存智慧。在中国历史上，大凡有智慧的人，在面临危险时，都会从大局考虑，以忍耐化解险情，先求生存，日后再伺机而动，取得胜利。

越国与吴国交战，吴国兵败。勾践是当时越国国王，而吴王夫差刚继位。为了替父报仇，夫差立志使吴强大，蓄势向越进攻。

经过两年的精心准备，吴王在大将伍子胥的辅佐下，向越发起进攻，并一举打败了越国。勾践走投无路，他非常清楚自己当时的状况，要想日后东山再起，就必须把自己的心思隐藏起来，学会忍辱负重。否则，不要说东山再起，恐怕连性命都不保。因此，他通过谈判与夫差达成了和议，条件就是他要和他的妻子前往吴国做奴仆。不久，勾践夫妇就到达了吴国，大夫范蠡与之随行。

为替父报仇，夫差对勾践百般羞辱，令他们在自己父亲的坟旁养马。勾践三人从此过上了忍辱负重的日子，他们每天吃的是粗茶淡饭，穿的是粗布单衣，住的是冬天如冰窟、夏天似蒸笼的破烂石屋，每天都是满身土、粪，这样的生活一直持续了三年。为了能羞辱勾践，夫差出门坐车时，总是要勾践在车前为他牵马。每当勾践从人群中走过时，总会遭到他人的嘲笑："看，堂堂的一国之君居然沦落成马夫，这样居然还好意思活着，要是我啊，宁可死了算了。"勾践每次听到这样的讥笑，心都在滴血，但他仍然是一副笑脸，装作不在意的样子。因为他知道，如果不能将自己的情绪伪装好，那么自己东山再起的计划就会被夫差识破，到时候要忍受的恐怕就不止这些了。所以，勾践接受了权势、地位发生翻天覆地变化的巨大痛苦，任由夫差奴役。

有一次夫差病了，勾践前去探望，正好碰见夫差出恭，待夫差出恭后，勾践亲自尝了夫差的粪便，并恭喜夫差说他的病即将痊愈，请夫差大可放心。

正是因为这件事使夫差改变了对勾践的看法，也转变了勾践的命运。或许勾践是真的精通医道，或许勾践只是在奉承夫差，或许是上天给勾践复国的机会。总之，在勾践探望夫差过后，夫差的病情竟真的好转了，而且很快痊愈了。夫差见勾践对自己忠心耿耿，以为他在经过这三年的磨难后已经放弃了复兴越国的想法，就决定放了他。

现实生活中，人们所遇到的困难或挫折，又有哪些能与勾践遭遇的相比呢？ 但是又有谁能像勾践一样，面对近乎残忍的羞辱还坚持忍辱负重呢？ 这是一般人无法做到的事情。

勾践之所以会选择忍耐、顺从与屈辱，是一心想要尽快回到自己的国土，卷土重来，一展往日雄风。 他深知，要逃离夫差的掌控，只能小心隐藏自己的心思，否则就会轻易断送性命。

一味忍耐与"宁为玉碎，不为瓦全""士可杀不可辱"这种做人态度好像有些背道而驰。 人们的内心深处早已给英雄下了一个定义，就是大丈夫就应该具有"士可杀不可辱""宁为玉碎，不为瓦全"的英雄气节，只有这样才不愧人们给大英雄的赞语，忍辱是懦弱无能的表现，不能称之为英雄。 但从勾践忍辱负重这个故事来看，人们的这种思想似乎有些以偏概全。勾践忍辱是为了更好地隐藏，以便获得东山再起的机会，而不是真的要人们向困难、权贵认输。 "留得青山在，不怕没柴烧"就是对忍辱负重的最好诠释。

与勾践形成鲜明对比的，是人们一直奉为英雄的西楚霸王项羽，他的结局给了人们另一个深刻的启示。

乌江岸边，乌江亭长努力地劝慰项羽说："江东虽小，但足以大王称王称霸，还请大王速速过江。"可是项羽是那种宁折不弯的人，怎么能听得进乌江亭长的劝说？ 最后自刎于乌江岸边。

试想一下，如果项羽当时能忍耐一下，听从乌江亭长的劝说过了江，结果可能会是另一番景象，一统天下也是可能的。虽然这些只是猜测，但是也不能否认其可能性。

宁折不弯虽然是做人的可贵原则，但是，忍辱负重却是另一种为人处世的智谋，结果都是为了达到某种目的。回头看勾践灭吴这件事，可以说勾践的成功很大一部分原因要取决于他的忍。当然，忍也要控制有度，一味忍耐不是具备大智慧的表现，而是懦弱的体现。

用忍耐应对不利的局面是一个高明的办法，当人们遇到一时无法解决的问题时，采取忍耐应对当前的屈辱与刁难是很好的方法。很多人都没体会到忍耐的好处，取而代之的是冲动、过激的表现，其实，适时忍耐，以退为进，可能会改变局势，转败为胜。

清人傅山说过，愤怒正到沸腾时，就很难克制住，除非天下大勇者。古语有"小不忍则乱大谋"。如果与别人一样陷入愤怒中，就应想想这种愤怒后会有什么后果。如果意识到发怒会损害身心健康和利益，就应该学会克制自己。

汉初时的名臣张良，年轻时在外求学曾遇到一件令他终生难忘的事。有一天，他在下邳桥上遇到一个老人，这位老人身着粗布衣服，在那里坐着，见张良过来，故意将鞋子扔到桥下，冲着张良说："小子，下去把鞋给我捡上来！"张良听后一愣，本想发怒，但看他是个老者，就强忍怒火到桥下把鞋子捡了上来。老人说："帮我把鞋穿上。"张良想，既然已经捡了鞋，干脆就好事做到底吧，于是便跪下来给老人穿鞋。老人穿上鞋后笑着离去了。一会儿又折返回来，对张良说："你这个小伙子值得教导。"还约张良再见面。数日后，这个老人将《太公兵法》传授于张良。张良从这本书上学到了许多知识，最终成为一代名臣。

老人考察张良，就是看他有没有自我克制的修养，有这种修养就是"孺子可教也"，只有这样今后才能担负大任，面对各种复杂的人际关系和事情时才能保持冷静，知道祸福所在，不会意气用事。

林肯曾说过："与其为争路而让狗咬，不如让路给狗。被狗咬伤后，即使将狗杀死，也不能马上治好受伤的伤口。"明人吕坤对忍耐的理解也很透彻，他说过"忍、激二字是福祸关"。所谓忍就是忍耐，激就是激动。二者的不同之处在于自己能不能克制住自己的情绪：能忍住就是福，忍不住有可能就是祸。

中国古代作战，都是一方守城，一方攻城。守城的如果将护城河的吊桥高高吊起，紧锁城门，那攻城的便无可奈何。实在不行时，攻城的便在城下百般叫嚣辱骂，要惹得那守城的怒火中烧，杀出城来——攻城的就有机可乘。兵法上叫"激将法"。但如果守城的能克制住，对方也就无计可施了。其实，不仅敌我作战时需要有克制忍耐的风度，日常生活中待人处事也需要有克制忍耐的涵养。

生活中因不能克制自己的情绪，为一些小事就争吵、谩骂、动手打架的情况比比皆是。一句不恰当的话，一个无意识的举动，都可能引爆一场口舌大战或拳脚演练。在社会治安案件中，相当多的案件都是由于当事人不能冷静地处理事情而造成的。

遇到过激事件时，要学会退让，不要和对方针锋相对。 不然，只会更加激怒对方，使矛盾更加尖锐，造成严重的后果。

适时示弱，免招人烦

示弱可以减少乃至消除他人的不满或嫉妒，是自保的妙方。 事业上的成功者或生活中的幸运儿，是很容易遭人嫉妒的，在无法消除这种心理误会之前，适当地示弱，可以将这种消极影响减小到最低程度。

示弱能使处境不如自己的人得到心理平衡，有利于人际关系的发展。 在交际过程中，我们必须学会选择示弱的内容。地位高的人面对地位低的人不妨展示一下自己的奋斗过程，说明自己其实也是个平凡的人；成功者在别人面前可以多说自己失败的往事、现实的烦恼，让人觉得"成功不易""成功者并非万事大吉"；对目前经济状况不如自己的人，可以适当诉说自己的苦衷，比如健康欠佳、子女学业不精以及工作中遇到的困难等，让对方觉得"他家也有一本难念的经"；在某些专业上有一技之长的人，可以诉说自己对其他领域的无知，袒露自己平时生活中闹过的笑话、有过的窘态等；至于那些完全依靠客观条件或偶然机遇侥幸获得成功的人，更应该直言不讳地表明自己是"瞎猫碰上死老鼠"。 这样的话，不但可以消除他人心中的嫉妒，还能够笼络人心，获得他人的同情。

示弱时，可以推心置腹地交谈，也可以在大庭广众之下，有意识地诉己之短，说他人之长。

示弱有时还需表现在行动上。当自己在事业上已位于有利地位，获得一定的成功时，在小的方面，即使完全有条件和别人竞争，也可适当回避退让一下。也就是说，对小名小利应淡薄些、疏远些，因为你的成功可能会让某些人嫉妒，不要为一点微名小利而惹火烧身，可适当分出一部分名利给那些暂时处于弱势中的人。

曾有一位记者去拜访一位政治家，目的是想获得一些有关他的丑闻资料。然而，还未寒暄，这位政治家就对急于获得资料的记者说："时间还长得很，我们可以慢慢谈。"记者对这位政治家随和的态度大感意外。不多时，仆人将咖啡送上来，这位政治家端起咖啡大喝一口，立即大嚷道："哦！好烫！"咖啡杯也滚落在地上。等仆人收拾好后，政治家又把香烟倒着插入嘴中，从过滤嘴处点火。这时记者连忙提醒："先生，你将香烟拿倒了。"政治家意识到问题之后，连忙将香烟拿正，不料又将烟灰缸碰翻在地。

平时趾高气扬的政治家出了一连串洋相，令记者大感意外，不知不觉中，记者的挑战情绪不见了，反而对对方产生了一种亲近感。其实这整个过程都是政治家有意为之。当人们发现杰出的权威人物也有弱点时，过去对他所抱有的嫉妒和怨恨之情就会消失，而在同情心的驱使下，还会对他有种亲切感。

在办事时，若想赢得别人的好感，让别人对你放松戒备，不妨适当地、不露痕迹地在他人面前展现自己某些无关痛痒的小缺点，出点小洋相，这样可表明自己并不是一个高高在上、十全十美的人，也是一个普普通通的人，这样就会使他人在与你交往时放松戒备，少一些挑衅与拘谨，多一份真诚。

察言观色知进退

有这样一则寓言：

一天铁杆和钥匙碰到一把大锁，都想打开大锁，看看房里有什么东西。于是铁杆先上场，只见它插到锁鼻里，费了九牛二虎之力，也无法将它撬开。

钥匙来了，只见它瘦小的身子钻进锁孔，轻轻一转，那大锁就啪的一声开了。

满头大汗的铁杆奇怪地问："为什么我费了那么大的力气也打不开，而你却轻而易举地就把它打开了呢？"

钥匙说："因为我最了解它的心。"

这个寓言充分说明了人际交往时了解别人心理的重要性：只有了解对方的心理和动机，我们才能在处理与他们的关系时得心应手；当我们对他们有所求时，才能更好地"驾驭"他们，获得他们的支持和帮助。

李续宾是曾国藩的手下爱将，他之所以受曾国藩器重，很重要的原因在于他善于察言观色，即善于揣测曾国藩的心思。

一次，曾国藩召集众将议事，当谈到当时的军事形势时，曾国藩说："诸位都知道，洪秀全是从长江上游东下而占据江宁，故江宁上游乃其气运所在。现在湖北、江西均被收复，仅存皖省，若皖省克复……"

此时，李续宾已经明白曾国藩的意图，就趁势插话说："大帅的意思是要我们进兵安徽？"

"对！"曾国藩赞赏地看了李续宾一眼，继续说道："续宾说得很对，看来你平时对此已有思考。为将者，踏营攻寨、计算路程尚在其次，最重要的是要胸怀全局，规划宏远，这才是大将之才。续宾在这点上，要比诸位都略胜一筹。"

李续宾只用一句话就赢得了这么高的赞扬，实在是高明至极。作为曾国藩的心腹爱将，李续宾特别善于表现自己，能给曾国藩"挣面子"。因此，他既保住了自己被赏识、重用的地位，又平了众人不服的口实。其实，与其说李续宾"平日已有思考"，不如说他平日里就紧紧围绕着曾国藩关心的敏感点进行思考，因此才能在把握上司意图方面超过其他人，得到上司的赏识。

在求人办事时，要善于观察对方细微的面部表情，以便揣测对方的意图，而后见机行事。 人的细微面部表情能够传递很丰富的感情。 同情和关心、厌恶和鄙视、信任和尊重、原谅和理解、包容和反感、欣喜和喜悦等，都会难以掩饰地展现在面部表情上。

看脸色有助于了解他人的情绪。 人的情绪不同，面部表情便不同。 学会察言观色，是不可忽视的求人办事之道。 如果我们能察言观色，懂进退，及时地分解、组合自己的言行，那么求人办事的成功率就会大大提高。

说到"看别人脸色"，不能不看别人的眼睛，捕捉眼神。眼睛是人心灵的窗户，人内心的各种情感，都可以从目光中看出来。 一个人内心深处的欲望和感情，会首先反映在眼睛和眼神上：视线的移动、方向、集中程度等都传达出不同的心理状态。 观察别人的眼神变化，有助于人与人之间的交流。 读懂人的眼神实际上就读懂了人的内心状况。

下面举例说明人的眼睛及眼神所包含的意思：

如果眼神横扫，仿佛有刺，则表明他异常冷淡——不应向他陈说请求，而应退而研究他对你冷淡的原因，进而谋求恢复感情的途径。

如果眼神流动异于平时，则表明他心术不正，想给你些苦头尝尝。 这时你应小心谨慎，不要轻易接近，前后左右都可能是他安排的陷阱，一失足便会栽在他的手里。 不要过分相信他的甜言蜜语，那只是钩上的饵，是炮弹外的糖衣。

如果眼神恬静，面有笑意，则表明他非常高兴——你要讨他的欢心，不妨多说几句赞美话；你要有所请求，这也是个好机会，相信他一定比平时更容易满足你的要求。

如果他的眼神涣散，心不在焉，则表明他对于你的话已经厌倦，再说下去也没效果；你应该将谈话告一段落，或乘机告退，或寻找新的话题。

如果他的眼神集中，则表明他认为有必要听一听你的话，此时你应该按照预定的计划婉转陈说——只要你的见解独到、办法可行，他必然会乐于接受的。

如果他的眼神上扬，则表明他不屑听你的话——即使你的理由非常充分，你的说法非常巧妙，还是不会有理想的结果，不如适可而止，退而转求其他方法。

总之，眼神有聚有散，有动有静；有灵动，有呆滞；有下垂，有上扬。仔细参悟之后，必能收获见微知著的效果。

另外，求人办事要注意顺着对方的心意，不可触碰对方的忌讳和尊严，不然非但达不到目的，反而会使自己处于一个尴尬的境地，这其实就是"懂得进退之道"。

比如，如果他跟你说话的时候接电话、看手表，那一定是有很急的事情，此刻不能把你求他办的事情说出来，即使说出来也必办不成。

比如，当对方情绪低落，但依然很热情地对你说"对不起，今天我心情不好，不过，你说吧……"这时对方只是出于礼貌，你的请求一般也不会成功的。

再比如，如果你求他的事情过了些时日仍没有答复，过两天时间再"点一点"，这样多重复几次，也许对方就比较容易接受你的请求了。

学会察言观色不但要揣摩对方的情绪、心态，还要谨记不能犯忌。如果犯了对方的忌讳，恐怕本该成的事情也难办了。

在办公室里跟性格外向、喜欢交际的人谈事情，一般没什么问题；而那些内向、敏感多疑的人，跟他们在办公室谈事情，结果就很难说了。 所以，对于后者，换个地方"私下谈"，会比较容易达到目的。

还有，千万别一直闷头说自己的事情，也千万不要不停地说"麻烦您""拜托""求您帮忙"等，这样很容易让人产生厌恶感。 假如你想成事，就得让对方了解你的请求；而想让对方了解，就得让对方认真听取你的说明并且要向对方表达出你的诚意！

灵活变通之道

求人办事很容易被人拒绝，那么一旦求人办事遇阻怎么办？ 这时应以灵活变通之道应对，方法对了，不怕对方不"就范"。 这样的灵活变通之道出自聪明人的头脑，是"一招制敌"的"上乘功夫"。

清代扬州有位员外新盖了幢别院，豪华富丽，但就是缺少点文化气息。有人建议，何不弄两幅郑板桥的字画，挂到客厅里，这样不就高雅脱俗了吗？这位员外一听，猛拍大腿——妙！于是，他马上拎着钱箱就往郑板桥家赶。谁知，拜帖递进去了，人却被挡在门外，而且一连几次都是这样，理由无非是先生外出、不舒服、在练气功等。这是为什么呢？

大家都知道，郑板桥是清代"扬州八怪"之一，是著名书画家，尤其擅长画竹、兰、石、菊，字写得也好，因此远近闻名。当时，慕名跟他求字画的人很多，郑板桥也不客气，写了一幅"字画价格表"贴在大门上，上面写道："大幅六两，中幅四两，小幅二两，条幅对联一两，扇子斗方五钱。凡送礼物、食物，总不如白银为妙；公之所送，未必弟之所好也。送现银则衷心喜乐，书画皆佳。礼物既属纠缠，赊欠尤为赖账。"明码标价，甚为直爽。但是，郑板桥跟一般文人不一样，不为五斗米折腰，鄙视权贵——一些达官显贵想索求书画，哪怕推着装满车的银子，也会被拒之门外。富豪屡吃"闭门羹"，原因就在此。

后来，这位员外与一位大官朋友闲聊时提到这件事，大发牢骚。大官说："你怎么连郑板桥是什么人都不晓得？别说你啦，就是我，要了好几年，也还没弄到手呢！"

员外一听，来了精神，夸口道："瞧我的，不出几天，定要弄几幅字画来，还要让他在上面写上我的大名。"员外决心采取灵活变通之道成就此事。说干就干，他派人四处打探郑板桥的生活习惯和爱好，并详细地做了安排。

这天，郑板桥外出散步，忽然听见远处传来了悠扬的琴声。曲子甚雅，他不觉好奇：没听说这附近有什么人会抚琴呀？于是，他循声而去，发现琴声出自一座宅院。院门虚掩，郑板桥推门而入，眼前所见让他大为惊异：庭院内修竹叠翠，奇石林立，竹林内一位老者鹤发童颜，银须飘逸，正在抚琴。这分明就是一幅仙人抚琴图嘛！

老者看见他，立即停止抚琴，琴声戛然而止。郑板桥见自己坏了人家的兴致，有些不好意思，老者却毫不在意，热情地邀他入座，两人谈诗论琴，相谈甚欢。

谈得正投机时，一股浓烈的狗肉香从里屋飘出来。喜食狗肉的郑板桥闻着这香气，口水都要流下来了。

不一会儿，从里屋走出一个仆人，端着一个大托盘，托盘上有一壶酒，还有一大盆烂熟的狗肉。仆人径直走到两人面前，将酒和狗肉放在两人面前的石桌上。一见狗肉，郑板桥的眼睛都直了。老者刚说个"请"，他连推辞的客套话都没说就迫不及待地大快朵颐起来。

风卷残云般地吃完狗肉，郑板桥这才意识到，自己连人家尊姓大名还不知道，就在人家这里大吃了一通，现在酒足饭饱，总不能一甩袖子，说声"告辞"就走吧？但是又该怎么答谢人家呢？留点银子吧，太俗了，而且自己出来散步也没带钱呀。他只能对老者说："今天能与您老邂逅，真有种相见恨晚的感觉，实在是幸会。感谢您的热情款待，我无以回报——这样吧，请您拿纸笔来，我画上几笔，也算留个纪念吧。"

老者似乎还有点不好意思，连声推辞说："吃顿饭不过是小意思，何必在意？"

郑板桥见他推辞，还以为他不想要书画，便自夸道："我的字画虽算不上极品，但还是可以换银子的。"老者这才找来纸笔。

郑板桥画完想要为其提名，听到老者的姓名觉得很耳熟，但又想不起来，也就没多想，就在落款处题上"敬赠×××"。看到老者满意地笑了，郑板桥这才告辞。

第二天，这几幅字画就挂在了员外别院的客厅里，员外还请来宾客，一起欣赏。宾客们原以为他是从别处高价买来的，但看到字画上有他的名字，这才相信是郑板桥特意为他画的。

消息传开后，郑板桥简直不相信自己的耳朵。他又沿着那天散步的路线去寻找，发现那竟是座荒宅。郑板桥这才想到，自己贪吃狗肉，竟然落入人家的圈套，被人利用了一回……

员外不动声色地使"障眼法"（制造了老者竹林抚琴、仆人献狗肉等场景），采用"明修栈道，暗度陈仓"的办法，最终得偿所愿，让郑板桥"专门"给他作了几幅画。由此可见，他可是个聪明人，因为郑板桥可不是随便谁都能"忽悠"的。

《易经》有云："穷则变，变则通，通则久。"知变与应变能力，是一个人的素质能力，也是现代社会中办事能力一个重要标准。求人办事时，不要做吊死在一棵歪脖树的愚汉，而应牢记"条条大路通罗马"，换个角度，换种方法，或者兜个圈子，绕个弯子，也许结果就会如你所愿。

某位出版社编辑在向著名学者钱锺书约稿时，就是因为采用了灵活变通的求人之道，而取得成功。以下便是他的经验总结：

几年前，我曾参与地方名人词典编撰。同仁们都说，钱老（钱锺书）的材料不易到手，写信、发公函都不回复，主编为此大伤脑筋。我想碰碰运气，但鉴于前辈们的经验，行事时一点也不张扬。

我决定试试的原因有二：其一，我对钱老的著作及学术成就有所了解。自1946年《围城》问世以来，先生之名即铭刻脑际，追慕至今。其二，钱老的叔父钱孙卿先生是我所在学校的前任校长。凭此两条，我建立了信心。自知属于无名之辈，故先写信投石问路，希望借此接近。

信中先呈上拙作，然后陈述其叔父的办学业绩。我知道钱老伉俪情趣高雅，每常调侃，幽默诙谐，相与为乐。杨绛女士常唤夫君为"黑犬才子"——这是钱老之字"默存"分拆而成的拆合体字谜。于是我不揣冒昧为他们姓名编了两条灯谜："文化著作"射"钱锺书"；"柳絮飞来片片红"射"杨绛"。

信发出后不久就收到了回信，内附联名贺卡，蓝底金字，庄重雅致。由此可见，钱老并不像传言那样那么古怪。

既得陇，又望蜀！于是我又写信委述父老乡亲对他们的仰慕之情，说明母校因"首编"未见钱老条目，愤而拒购（辞典）；再述地方史籍"龙套"角色频频出场，主角不亮相，戏唱不好之态势等等。希望他们能惠赐一手资料。不久就得到了复函："来函敬悉。我们对国内外名人传记请求给予材料，一概辞谢——偶有我们的条目，都是他们自编，不便为你破例。"

我果然吃了"闭门羹"，但设身处地地想，若他们有求必应，将疲于应酬。老人自有他们厘定的处世原则，一以贯之；故乡情虽深，但也不能贸然破"法"。

初求遇阻，但转念一想，既然不能全盘提供材料，为什么不另辟蹊径——"自编"材料，呈递钱老复核，不是同样可以完成组稿任务吗？于是我将有关钱老的传记材料编成小传，另附若干疑问，一并发函请教。

在忐忑不安中又接到了钱老的回信："遵命将来稿删补一下，奉还。"钱老把小传中的名号大都删除了，批曰"不合体例"，又订正了有关讹误。至此组稿任务已经完成，我大喜过望！同人无不欢欣鼓舞！

由以上两个例子可见，找令人敬畏的人办事，最好在提出请求之前先"兜个圈子"。 先找到他的兴趣，使对方有这样一个感觉——"这人好像很了解我"而加深印象，随后求对方办事自然就有希望了。

能屈能伸，灵活处世

原来老板也不是什么都会呀。

适当在他人面前展现自己某些无关痛痒的小缺点，这会使地位不如你的人在与你交往时，少一些拘谨，多一份亲和。

你的Excel表格做得真好，所有数据一目了然。我就不行，一做表格就头疼。

收敛锋芒，得意不忘形

你可以邀请××跳啊，她可是我们公司的"舞林高手"呢！

即使自己很得意也不太过炫耀，这样会让你的人缘越来越好。

小张这个月再次超额完成了任务，你们都要多向小张学习。

被称赞时，要顾及他人的感受

当自己受到赞扬的时候，如果把功劳与他人分享，你的形象自然会高大起来。

主要是小刘的策划、杨经理的销售给力。

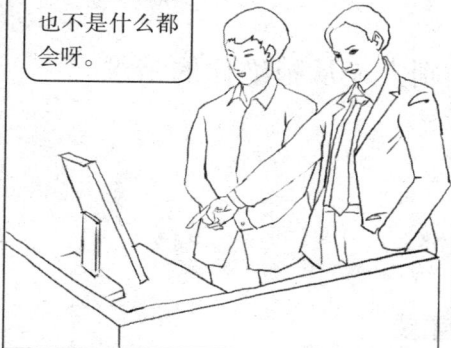

第三章　礼尚往来：让别人无从拒绝你的请求

"物质"重要，"人情"更重要

　　求人办事之时，选择好时机，有艺术、有技巧地送给他人一些礼物，是联络感情、增加交流的一种手段。常言道，"受人钱财，替人消灾"，对方收下礼物，彼此间也就有了感情，这样办事就容易多了。但也要知道物质利益是一时的，人情才是长远的。

　　送礼不仅能拉近人与人之间的关系，而且能使双方在情感上更觉亲近。"礼轻情义重"，送礼不在于多，而在于善于投其所好。根据不同人的爱好特点赠予不同的礼物，才能真正打动他人，最终让他人愿意接受自己的请求、办成事。

　　"求人要送礼，'礼'多人不怪"，是古老的中国格言，在今天仍十分实用。在求人办事的时候，如果送一点小礼物，话就会比较好说，如果空手求人，通常会被别人婉拒。

　　特别是在商务交际中，小礼品是不可缺少的，根据不同人的喜好，如果设计得精妙，人见人爱，很容易就会让人"爱礼及人"。

在现代商业社会，"利"和"礼"是连在一起的，往往都是"利""礼"相关，先"礼"后"利"，有了"礼"才有"利"，这已然成了商务交际的一般规则。这其中的道理不难，难就难在实际操作上。

送礼已经成为一种艺术和技巧，从时间、地点到礼品的选择，都是一件很费心思的事。很多大公司在电脑里对一些主要公司中的主要关系人物的身份、地位及爱好、生日日期都有记录，逢年过节，或者什么特殊的日子，总要例行或专门送礼，巩固和发展双方的关系，确立和提高自身的商业地位。

人都讲礼尚往来，这是人之常情，在求人办事时更是如此。只要不是借送礼之机乱搞歪门邪道，进行权钱交易，拉拢腐蚀国家公务人员，那么，这种人情往来就是正常的。

送礼也是表达心意的一种方式。礼不在多，达意则灵；礼不在重，传情则行。双方都不要过于看重礼物本身的物质价值，而应将其看做是一份浓浓的情、厚厚的意。送礼物是一种友情的表达，中国早就有"投之以桃，报之以李"的佳话。出远门旅游，给朋友捎回一点当地特产；或年节佳辰、个人喜庆，赠送一点庆贺礼品，表现彼此间的一番情谊是有必要的。这是一种真诚的感情交流，是发自内心的赠予，也是感情的物化。

送礼作为一种普遍的文化现象，自有其特定的规律，不能盲目去做、随心而为。送礼能反映送礼者的文化修养、交际水平、艺术品位以及对受礼人的了解程度和关系疏密。在一定意义上讲，送礼也是一门特殊的交际艺术。

送礼要恰到好处

自古以来，中国就有"来而不往非礼也"之说，这句话强调的是礼尚往来的必要性，其最终目的是为了办事方便。通常礼物有轻有重，但价格高的也未必是好的，关键看它是否适合对方，是否能打动对方。

赠送礼物是非常管用的一种营销手段，也是联络客户感情的重要方法。但无论什么方法，都必须掌握操作的要领，否则会难以达到预期的效果。

就礼物而言，一般价值跟实用性一样重要，功能则比外形重要。用一次就丢的礼物无法留下长时间的印象，所以功能强又可以重复使用的礼物比较适合。例如雨伞、咖啡杯，都是可以重复使用的小礼物。礼物最好能放在客户的桌上，而不是放在抽屉里。可见度越高，印象就越深。多选择客户喜欢摆出来的礼物。小时钟可以放在桌上显眼的地方，拆信刀就可能被放在抽屉里，钥匙圈就都放在口袋里。

送礼最好送一些有创意的东西。一幅漂亮的画或是一张精美的图片，都可能被挂在办公室里几年；独特精致的手工木质钢笔，如果刻上客户的姓名缩写，也许更胜过名牌钢笔；没有时间和空间限制的东西，比较有收藏的价值，例如字画或精良艺术品等。

要送的礼物要跟自己推销的产品相契合或跟业务有密切关联。 例如，牙医通常送牙刷与牙膏，环保产品公司则会送个人水质测试仪器。 潮流电子玩具、电脑鼠标垫、电脑游戏卡、视听盘片等，都是非常受欢迎的礼物；有闪光或声音，或是碰一下就有动作的小玩意儿，会令人印象深刻。 有时候送的礼物不只是影响客户一个人，而是整个销售计划的局部，这时候要选择让每个人都看得到的礼品。 运动衫、帽子、遮阳板或是其他一些印有图文的衣服，还有可以转印在玻璃窗上的图案，或是车窗贴纸，都是很好的广告。

擅长送礼的人，挑选礼物时，总会细心选择，把一份真情包装在礼物之中，因其独特的风格和深厚的情义，使人觉得于情于理，难以拒绝。 这样，定会出现"礼轻情意重"的效果。

有一次，英国女王伊丽莎白访问日本，其中有一项访问是安排到 NHK 广播电台。当时 NHK 派出的接待人是该公司的常务董事野村中夫。野村中夫接到这个重大任务后，立即收集有关女王的一切资料，并加以仔细研究，以便在初次见面时能引起女王的注意并给女王留下深刻的印象。

他绞尽脑汁，也没有想到什么好的主意，偶然间，他发现女王的爱犬是一只毛毛狗，于是突然有了灵感。他跑到服装店订制了一条绣有女王爱犬图样的领带。迎接女王的那天，他打上了这条领带。果然，女王一眼便注意到这条领带，微笑着走过来和他亲切握手。野村中夫所送出的礼物是无形的，因为礼物系在他脖子上，

"礼"轻得非比寻常，但是却让女王体会到了他的良苦用心，感受到了他的诚心。因此，可谓是地道的"礼轻情意重"了。

有些时候，礼物太轻，不能表达感情；礼物太重，尤其是要给上级送的礼物，又会让上级领导有受贿的嫌疑。所以，送礼要十分注意轻重问题，争取做到少花钱又能多办事。

虽说礼物能代表人们的情感，但感情投资只送礼不交谈还是不行。

近年来，有人做过调查，日本产品之所以能成功打入美国市场，其中最重要的秘密武器就是小礼物。也就是说，日本人是用小礼物打开了美国市场，小礼物在商务交际中起到了不可忽略的重大作用。当然，这句话也许有点夸张，但是日本人做生意，确实是想得非常周到。特别是在商务交际中，小礼品是不可少的，而且根据不同人的喜好，设计得非常精巧，总是人见人爱，很容易让人"爱礼及人"。

用心的小礼物能起到重大作用。精明的日本人之所以成功，就在于他们摸透了外国商人的想法，又使用了自己的策略。一是他们了解外国人的喜好而又投其所好，以博得对方的好感；二是他们采用了令人可以接受的礼品，因为他们知道欧美商业法规严格，送大礼物容易惹火烧身，而小礼物却没有行贿之嫌；第三，他们很执著于本国的文化和礼节。所以，礼品虽小，他们却能费尽心思，让人不能不佩服。

只要是一份饱含情意的礼物，无论它的价值多微小，都能够让人欣然地接受。

送礼有诚心，鹅毛值千金

千里送鹅毛，礼轻情意重。无求于对方时，给对方送上礼品，礼品虽然很小，对方也会高兴，受礼人会记着你的情义，你有困难时，对方说不定也会帮你一把。

当你在生活和工作中遇到困难时，得到了亲朋好友的大力帮助后，你应该送礼以表示真诚感谢；当你接受了别人的馈赠时，你应选择价值超过赠品的礼物当作回赠，让对方感到你懂礼节通人情；当亲朋好友遇到结婚、乔迁、寿诞、生小孩或老人过寿、举行金银婚纪念等大喜事时，你应当送礼以表示祝贺；当亲朋好友或其亲属去世，也应该备礼相送表示哀悼；当亲朋好友患病或突遭飞来横祸，你应该及时地备礼相送表示慰问和关切；碰到重要的传统节日如春节、元宵、端午、中秋、重阳以及国家的法定节假日如元旦、五一、国庆等，亲朋好友、同学同事互相探望、聚会，也可备薄礼，以表情谊；年幼者在看望年长者时，送一些老人喜欢的食物、酒类和水果，表示孝心。同学数载，毕业之际各奔东西；战友几年，有的转业、复员；亲朋好友，要留学异国他乡；或者你在外地进修、短期学习，结束后就要与学员天各一方……这些时候，双方都免不了要赠送一些有意义的礼物当作纪念。

富兰克林·罗斯福是美国最伟大的总统之一，他曾连任四届总统，带领美国人民参加了反法西斯战争，最后取得了伟大的胜利。

富兰克林·罗斯福有一位远房叔叔，也就是西奥多·罗斯福。富兰克林小时候就特别崇拜他的叔叔，希望自己将来有一天能像叔叔一样成功。

富兰克林为人善良，也特别细心，在与亲戚交往时，经常能为他们做些力所能及的事情。有一次正好是西奥多·罗斯福的生日，当时的他还不是总统，富兰克林本来在芝加哥旅游。芝加哥远在千里之外，似乎富兰克林不会参加叔叔的生日宴会了。可宴会进行还不到一半时，从门外急匆匆地进来一个年轻人，此人正是富兰克林·罗斯福，他拿出一条表链对叔叔说："叔叔，真对不起，我已尽全力从芝加哥赶回来了，但还是晚了一步，这条表链虽不值钱，但我希望您能喜欢。"

西奥多·罗斯福见此情境，激动得抱紧自己的侄子，他激动的原因有二：一是富兰克林·罗斯福不远千里回来参加他的生日宴会；另一个原因是他送的礼物，因为西奥多的手表链正好坏了，正想叫人到芝加哥去买一条相同款式的，没想到富兰克林细心，当时就记在心上了。从此之后，西奥多与富兰克林的感情亲如父子，他的政治理念也对富兰克林产生了深远的影响。

聪明人送礼不会只考虑礼品本身的价值，因为他们知道"礼轻情意重"这句话的意义。 有一年，一个大学教授到一个偏远的小山村行医。 他治好了一位贫困农民多年的肺病，却没有收一分钱。 农民非常感动，他想来想去，无以为报，只好送些自己家里种的豆子。 于是这个农民扛了一袋豆子去遥远的城市里找那位教授。 他走了好几天，脚都磨破了，终于到了城里，又经几番周折，才找到教授家，把一袋豆子送给了教授。教授后来向朋友们提起这事时说："在我的行医生涯中，从没收到这么昂贵的礼物。"一袋豆子，或许值不了多少钱，但由于情义至诚，这份礼物便成了教授心中不朽的财富。

送礼懂门道，没事偷着乐

中国人讲求中庸之道，过与不及都是不恰当的。 送礼也是如此。 只要所送之礼符合常情，适合受礼者的身份地位，自然也就"礼"所当然了。

自古"宝剑赠英雄，红粉赠佳人"，送人礼物时，必须确定礼物能令对方满意，该份礼物才算有价值。 如果是将一双崭新的溜冰鞋送给发白齿摇的老翁；买贵重的瑞士手表，赠给初次见面的朋友；或者赠给内向保守型的教授一辆山地自行车……都不会得到应有的效果。 何况，有男女老少之分，个人的爱好不可能放之四海而皆准，购买礼物前必须认真考虑，才能让受礼人感觉到无比温馨。

通常来说，过年过节送给长辈的礼品以符合时节的东西为最好，诸如土特产、水果、糕饼、茶叶之类；同辈的朋友、同事间，则不受拘束，可送些应时物品，也可送对方观赏性的或较实用的物品；对于晚辈或小孩，则宜选购年轻人喜欢的用品或小孩喜欢的糖果、玩具等。

至于上司对下属，或一般的司机、保姆、送货员、服务员、大厦管理员等服务人群，逢年过节，可用奖金代替物品，或是奖金之外再加一点小礼物，以感谢他们的辛勤工作，则更会受到欢迎。

长辈过寿时，最常见的是送些蛋糕、寿桃，如果经济许可，可以送上好的衣物、保暖的浴袍、防滑的浴鞋甚至舒适的摇椅，凡是需要的，都是合适的礼物。上司、老师、同事、朋友过生日，蛋糕是最常见的礼物，但年年送蛋糕太缺乏新意，所以也可选择一些较有趣味或有意义的礼物，如烟斗、打火机、名画复制品、几包好茶、几本好书，甚至笔砚、图章都可以。晚辈的生日则以赠送画册、文具、CD 唱片等较为适合。

结婚是人生头等大事，交情深厚的亲朋好友一定要送一份厚礼才显得出诚意。当然，所谓厚礼并没有固定标准，在你的能力范围内所能做的最大支出就是厚礼。结婚时常缺少家具和生活用品，如电冰箱、电视机、洗衣机、沙发、桌椅等，价格太高的物品也可与人合送，如果结婚当事人什么东西都有了，一份厚厚的礼金便是最适合的礼物。至于泛泛之交，在去喝喜酒时，按一般行情送份礼金就可以了。

生孩子是人生的另一宗大事，无论亲疏都可送小孩的衣服或玩具，关系特别亲密的，可送小孩项链、长命锁之类的。这些礼物虽是送给小孩，但实际上也是为了获得大人的欢心。

其他如乔迁、升职、出国、毕业等喜事，则没有特定的礼物。一般说来，乔迁可以送家庭用品，出国、毕业可送些纪念品。

如果你实在想不出应送什么礼物，也可以先到街上逛逛，最好到礼品专卖店参观一番，有时会有意想不到的收获。其实，只要你花心思选择礼物，必然会收到良好的效果。

礼尚往来

送礼要投其所好

送礼要用心，如果能摸清对方的喜好，投其所好，即使是一件微小的礼物，也能博得对方的好感。

知道您爱喝咖啡，前两天路过星巴克，恰好看到有限量版的杯子，就给您带了一个。

这个杯子我跑了两家店都没买到，太谢谢你了。

送礼要恰到好处

送孩子长命锁，礼物虽是送给孩子，但实际上是为了获得大人的好感。谁都希望自己的孩子能够健康长大，因此，一个小小的长命锁会迅速让收礼者喜笑颜开。

您这大孙子一看就一脸福相，也没什么好送的，这个长命锁给孩子戴上，祝孩子健健康康长大。

下篇　会做人

扫码收听全套图书　扫码点目录听本书

第一章 方圆有道：恰当灵活，留有余地

扫码点目录听本书

适可而止，与人为善

方圆之道，就是做事要留有余地，巧于周旋、迂回。方则刚，不可太强，刚则易折；圆则满，不可过满，满则不便周旋。方圆有度，则进退自如。制订计划，要留有余地；享受人生，要留有余地；批评别人，要留有余地；日常用度，要留有余地；再繁忙的工作，也要留有休息的余地；再紧张的关系，也要留有调和的余地。

家有余粮，日有余用，则生活安稳。人在社会之中，无论做人还是做事，都要学会留有余地，话不可说满，事也不可做绝。所谓"天无绝人之路"也是说，连上天都会为每个人留有转机，留有生还之机。

俗话说，"弹琴唱歌，余音绕梁；赠人玫瑰，手留余香"。留有余地，才可做到均衡、对称、和谐；留有余地，才能做到进退从容，随意屈伸。我们留下更多的空间给别人时，其实也是留给自己一定的空间。

一女子在行路中吐口痰，因风的作用，痰被刮到一个小伙的裤子上了，这位女子看到后慌忙道歉，并从包里掏出面巾纸要擦去小伙裤子上的痰水，但小伙恼怒地不肯让她擦，并声明："你给我舔去！"女子再三赔礼："对不起！对不起！让我给你擦去可以吗！"但小伙执意不让她擦，就要她给舔去。这样争执不久，围着看热闹的人越来越多，有的跟着起哄打闹着、笑着……无论女子怎么道歉，小伙也不依她，非让她舔去痰水不可。最后，惹得女子大怒，从包里拿出一沓钱来，大约有一两千元，当场喊道："大家听着，谁能把这个家伙当场摆平了，那么这些钱就归谁！"话音刚落，人群中出现两个健壮的男人，对着那不依不饶的小伙子就是一阵拳脚。那小伙被踢得不知东南西北，等站起来找那女子时，那女子跟打他的人早已无影无踪了……

　　如要你做了对不住别人的事，感觉自己心里有些愧疚，向人家赔礼道歉，人家气不过说几句，也是人之常情，你也得听着。反之，如果有人做了对不起你的事，人家也赔礼道歉了，只要无大碍，就不要得理不饶人，甚至刻意报复。真要是那样，有理也变无理了。如果你的行为防卫过当了，说不定还会犯罪！

　　待人宽厚是我们中华民族的传统美德。如果一件事情本来不大，那就得饶人处且饶人，得理也不妨让三分。中国传统美德强调"恕道"，讲究"推己及人""己所不欲，勿施于人"。

一天，一位老大爷骑车正骑得好好的，却被从路旁小胡同中冲出来的一个骑车的女孩子撞倒了。她竟反过来埋怨老人："你骑车也不瞅着点儿！"一旁的过路人看不惯，纷纷指责那个女孩子："别说是你把老大爷撞倒的，就是没你责任，你也该先扶起老大爷，看看撞着哪儿了没有。"说得那女孩子羞愧地扶起老大爷，小声说："对不起。"那老人站起身，活动活动，说："疼点儿没事儿，你下回可得小心了！我没受伤，你快走吧。"

现代社会的生活节奏很快，有人心生浮躁，缺乏修养，话中带气带刺，他们得理不饶人，无理也搅三分。但是，原谅别人并不是一种软弱，表面上看是吃了亏，其实表现了你的高尚，也没什么可生气的。

人要能站到高处，想开点，便能理解别人，宽恕他人。表面看着像是"窝囊"，其实是个人修养好的表现，是一种千金难买的精神享受。

民谚有云："养儿防老，囤谷防饥""晴带雨伞，饱带干粮"，讲的就是要未雨绸缪，要为明天留后路、留余地。还有句俗语："人情留一线，日后好见面。"意思是讲，与人相处，凡事不可做绝，且记得彼此留有余地，以后不管在什么场合见面，都不会过于尴尬。

狡兔三窟，兔子尚且留有逃生的余地，我们更应得势不忘失势，强盛不忘却衰败，富有不忘破落。人情世故，恩怨是非都要留有余地。

做事要给别人留点余地，这既是为人之道，也是一种工作艺术。

一位著名企业家在做报告之时，一位听众问："你在事业上取得了巨大的成功，请问，对你来说，最重要的是什么？"企业家没有直接回答，他拿起粉笔在黑板上画了个圈，但是并没有画圆满，留有一个缺口。他反问道："这是什么？""零！""圈！""未完成的事业！""成功！"……台下之人回答道。

他对这些回答不置可否："其实，这只不过是一个未画完整的句号。你们想要问我为什么取得辉煌的业绩，道理十分简单，我不会把事情做得很圆满，好比画个句号，一定要留个'缺口'，好让我的下属去填满它。"

做事给别人留些余地，并不是说明自己能力不强。事实上，这是一种管理的智慧，也是一种更高层次的带有全局性的圆满。给猴子一棵树，让它不停攀登；给老虎一座山，让它自由纵横。也许，这是管理者的最高智慧。

一个人做事讲话，都应该留点余地，留一条后路，留一片蓝天。在了解生命的意义之后，每个人都应该这样做。因为这里面有对自己一时莽撞的弥补，也有对自己一时糊涂的反思。

若你是一位管理者，你千万莫让自己的思维混乱，你不妨抽空静下心来思考：如果有一天工作发生了变化，你是否还能称职？从昨天来的路上回去容易，但是退出职场似乎心中并不是滋味。当我们面前有一条大河阻挡了我们的去路之时，实际上退一步却可以前进得更快。 但是，要看退路是否宽敞。 人注定要走路，只要所走之路能通往前方，就会有希望。

高高低低是人生，走到高处之时，留点余地给低处，走到低处之时留点余地给高处，这样一生才可能快快乐乐的。 是花终究要开放，是叶始终要鲜绿，留点余地，你将会是个明智的快乐者。

与人交往，以"诚"为贵

圆中显方，待人以"诚"，这是为人处世的成功之道。 善圆者皆是拥有智慧头脑之人，那么，如何在与人相处时让人感其"诚"呢，这就需要恰当显方。 人生在世，待人处事是一门大学问，谁都不会相信一个高傲冷漠的人，会有自己的朋友，能得到别人的支持，会得到上司的赏识，会拥有下属的拥戴。 一个人待人以诚，用人以信，结下好的人缘，办事就会容易许多，需要用人时，一呼即有人才归附。 宋江在上梁山前，不管是对晁盖、吴用、李逵，还是对武松、花容、王英，他都用诚敬之心对待，谁有困难就去帮助谁，谁手头紧张就送银子给谁，从而结交了许多英雄好汉。 他这样做并不是为将来"造反"服务，只是建立人际关系，到了落难时，好汉们才会纷纷赶来相救。 他到了梁山之后，先坐第二把交椅，晁盖一死，大家就拥立他当头领。 论武功，他在众人之下；论才学，很多人比他强。 然而他的人缘比谁都好，具有很强的号召力。

在人世间，真诚十分可贵。真诚即是要以心待人，以情感人，以信得人。所谓真诚，就是不说假话，就是不做变色龙、两面派，就是不搞形式主义，不做表面工夫。"行经万里身犹健，历尽千艰胆未寒。可有尘瑕须拂拭，敞开心扉给人看。"谢觉哉此首诗，讲的正是真诚的可贵。

真诚是一种巨大的人格力量，若用真诚去做思想政治工作，就能得到"精诚所至，金石为开"的效果。我国著名翻译家傅雷先生说："一个人只要真诚，是总能打动人的，即使人家一时不了解，日后也会了解的。"他还讲："我一生做事，总是第一坦白，第二坦白，第三还是坦白。绕圈子、躲躲闪闪，反易叫人疑心。你要手段，倒不如光明正大，实话实说，只要态度诚恳、谦卑、恭敬，无论如何人家不会对你怎么着的。"只有真诚能消除人与人之间的隔阂，达到化解矛盾，增进友谊的目的。有的人做思想政治工作，尽管付出的精力不少，但效果甚微，还总认为这是水平问题。其实，最主要还是缺乏真诚。

一个没有真诚的社会，将会是恐怖、危险、可怕的社会；一个缺乏真诚的人，是阴险、奸诈、歹毒的人。失去了真诚，如同大地失去了阳光、温暖。人与人之间，将会变成你欺我骗，你吹我捧，你歹我毒。在这样的世界之中，大家都戴着假面具生活，只能看见人们讨好的笑脸，却无真诚在内；也许你能听到悦耳的"颂歌"，可是却听不到真正的心声。如此的世界，只能制造和培养骗子，只能重演《皇帝的新衣》的闹剧。在这样的世界里，真理、正气会被封锁，邪恶、腐败会不断滋长。难道这不可怕吗？

有这样一则故事：

一个黄昏，静静的渡口来了四个人，其中，有一个富人、一个官员、一个武士与一个诗人。他们都希望老船公把他们摆渡过河，老船公摸着胡子讲道："把你们的特长说出来，我就摆渡你们过去。"

　　那个富人拿出白花花的银子说："我有很多金钱。"那当官的回答道："你若摆渡我过河，我可以让你当一个县官。"武士则掌起手中的剑说："不让我过河，我就杀了你……"老船公听后问那诗人："你有何特长？"诗人回答说："唉，我没什么特长，但是，如果我不赶回家，家中的妻子与儿女一定会很着急。""上船吧！"老船公对诗人说道："你已经显示了你的特长，这才是最宝贵的财富。"诗人上了船之后疑惑地问道："老人家，请你告诉我答案。"老人一边摇船一边讲："你的一声长叹，你脸上的忧虑，就是你最好的表白，真情才是世间最宝贵的。"

　　确实，真诚可以让人心不设防，真诚可以让人敞开心扉，真诚令人和平相处，真诚令人胸襟坦荡。待人真诚守信，能获得更多他人的信赖、理解，能得到更多的支持、合作，由此获得更多的成功机遇。离开了真诚，就无所谓友谊可言。虽然有时用真诚换来欺骗是非常痛苦的，但这痛苦是高尚的，它会让你更珍惜真诚！真诚可以让人感觉幸福，是可以用心回味的。拥有一份真诚，心中就会充满爱，就懂得谅解和宽容，就能获得尊重与友谊。真诚待人，这是高尚的人格美德！

　　儒家讲，一个人应从"正心""诚意""修身""齐家"

做起，由此达到"治国""平天下"的目的，这是我们祖先宝贵经验的总结。 现在不是哪一个人来"治""平"了，就更加要求人人都做到真诚，我们的社会本应该是一个真诚的社会。性本善，真诚则是善之体现；我们也可看出，大多数人是渴望真诚的。 人间最宝贵的是真诚，而这是我们每一个人都能够做到的，因为真诚本来就存在你的心中。 我相信，只要大家都拭去蒙在心上的各种污垢，就一定能够营造出一个没有欺诈、权谋、猜忌，互相信任理解，人人舒心的和谐世界。

真诚是人与人之间交往应有的态度。 待人真诚可以换来他人的真诚相待，也可以赢得他人的信赖和好感。

在别人伤感的时候，给予他真诚的安慰，就会让他的惆怅顿时烟消云散；当别人生活极度困难的时候，给予他真诚的帮助，则会像雪中送炭般带给他温暖，让他重新面对生活；当别人解题愁眉不展之时，给予他真诚的答案，就会让他刹那间茅塞顿开，对你万分感激；在别人误入歧途的时候，给予他真诚的劝告，会让他重新醒悟，从而一生受益；在别人面临重大的抉择而不知所措的时候，给予他真诚的建议，会让他做出恰当的选择；在别人遭逢坎坷进退两难时，真诚地为他指点迷津，会让他远离黑暗的深渊。

人们彼此之间需要真诚相待。 若是人们总是在别人背后说三道四、指桑骂槐，在他们面前却会笑脸逢迎、阿谀奉承，那么，这个世界就会被谎言和虚伪所覆盖。 如此一来，社会就无法前进了。

真诚不是仅仅写在纸上的，也不是仅仅印在教科书里的，更不是一篇简短的文章就可以阐述得清楚的。 真诚需要被体会，被付出。

曾经有一位著名的美国经济学家在对 100 个百万富翁的调查之中发现，认为自己成功的最主要原因是"真诚地对待所有的人"的人居然有 76 人。

这项调查折射出了一个问题：要想成为富有者，那么，你就必须拿出自己的真心，真诚地对待你身边的每一个人。一个不正直的人很难成为一个成功的人。正直是人生当中一门特殊的课程，它通常决定着一个人的成败。

在对这 100 个百万富翁做问卷之时，他们对这位经济学家说："一个不正直的人，他是不可能成为百万富翁的，这一点毫无疑问。"

若一个服装店老板欺骗他的顾客，会有怎样的结果呢？顾客被骗了一次后，他们再也不会登他的门，再也不会购买他的商品，因为他们不再信任他，那么，他的生意将无法继续下去。

上面的那项调查还表明，绝大部分在经济上有成就的人肯定正直，并将这看成自己成功的重要因素之一。

比如，一家成功的房产管理公司的老板——乔恩·巴里，他就是一位具有正直品质的人。他从零开始创建起自己的事业。他的客户大部分是购物中心的老板，乔恩的公司负责管理这些房产，收取租金并负责雇人修缮。

当需要进行修缮时，乔恩会雇请那些能够提供最好的产品和服务且价格最具竞争力的承包人。但是，这些工作具体做起来并不简单。但乔恩想尽可能确保他的委托人获得最大的利益。他在选择和安排承包人时，无论哪一步，都有相应的书面保证。正直以及随之而来的声誉成了他取得成功的关键因素和基础。

乔恩说，在娱乐业，他父亲是一位十分知名的富有才干的成功企业家。他父亲曾经告诉他要正直，并时常对他说："绝对不能撒谎，就是撒一次谎也不行。若你撒了一次谎，要想掩盖这一次说的谎话，只能再撒 15 次谎。"

所以，只有讲真话，与所有人都真诚相待，才能最有效地利用时间、精力和智力。

对人真诚，别人也会真诚待你；你敬人一尺，那么别人自会敬你一丈。交往当中，以诚待人，是处世之法。

古人常以"巧诈不如拙诚"作为人生处世原则，旨在提醒众人，"巧诈"或许可以获得短暂的成功，但是一旦自己的用意被人识破，换来的将会是别人的怀疑、讨厌甚至是敌对。用"拙诚"待人，也许一时难以让别人感受到自己的诚意，可是"日久见人心"，经过长久的相处，定将获得他人的信赖。在人际交往中，只要能建立安全感，一定能获得他人的以诚相待。尔虞我诈，钩心斗角，这是绝对不可能建立起良好的人际关系的。虽然，我们常常说"老实人容易吃亏"，可是吃的毕竟是小亏，正所谓"路遥知马力，日久见人心"，诚实的人，以诚为本，以诚待人，诚实肯定会带给他好结果的。有许多的故事都能很好地证明这一点。

诚实有很大的人格感召力，一个人说话诚实，做事诚实，内心诚实，就会令人信服，就能得到别人的尊重。上级要以诚对待下属，父母要以诚对待子女，而企业经营者要以诚对待每位顾客，总之，每一个人都要与人以诚相待。人际交往若离开诚实的原则，那么人间就不会有真情实意，也不会有团结亲密的人际关系。

"诚"是人际交往的根本，自古以来就受到人们的崇尚，交往若能做到一个"诚"字，老少无欺，一定能赢得真诚的回报。 相反，世故圆滑，尔虞我诈，是无法赢得对方的真诚回报的，所以，与人交往，都要以"诚"为贵。

察言观色，灵活处事

人生在世，不管是在工作、生活还是学习中，都必然会与不同的人打交道。 这些人的年龄、阅历、个性、工作经验、生活态度都会不相同，素质也是参差不齐。 有的率直，有的倔强，有的纯朴，有的张扬，有的聪慧明智，有的愚钝顽劣，有的处处为别人着想，有的处处替自己着想。 因此，在对一些事情的看法和处理上往往会出现不同，产生一些异议，而且处理不好，势必造成磕磕碰碰、相互猜疑，甚至激化矛盾，使人与人之间产生隔阂，人际关系也会由此变得疏远、冷漠。

要想避免上述的弊病，就应学会阅人。 平时时常听到这样一句话："与人打人交道，与鬼打鬼交道。"先不管这话庸俗且不完全正确，又容易诱导人们见风使舵、阿谀奉承、两面三刀，但是，其中蕴涵的与不同的人交往需用不同的方法的观念，有一定的借鉴价值。 人际交往之中，正确的处世态度应该是责人先责己，恕己先恕人。 对别人的非议，应持"有则改之，无则加勉"的态度去面对；对别人的优点，也本着"他山之石，可以攻玉"的态度去学习。 此是阅人的智慧。 学会了，就能避免矛盾，化解异议，达成共识，融洽人际关系，为自己的工作、生活、学习创造一个和谐宽松的环境；学不会，则可能到处碰壁。

凡是提及"察言观色"，很多人都会不由自主地联想到"阿谀奉承""溜须拍马"等贬义词，其实这只是一种"习惯性误读"。

"察言观色"作为一个成语，本只是一个中性词，无褒贬之分。作为一种方法，"察言观色"技无高下，人人可用。然而，为何"察"？如何"观"？察谁人？观什么？目的、手段都是不同的。有些人，如孔繁森、牛玉儒那样的人民公仆，心里装着人民百姓，眼中只有百姓，真心诚意察群众之言，无微不至观百姓之色，擅长从街谈巷议和世态百相中倾听民声、了解民意，随时随地为人民群众排忧解难，像这般的"察言观色"，被人称道，成为楷模。但有的人，也是一种察言观色，却做相反之事，如历史上的和珅、李莲英之流，以及某些当今社会中的"能人"，他们则把"察言观色"当成揣摩"圣意"、曲意逢迎之事，一天到晚额头朝天，两眼向上，小心翼翼地察上司之言，费尽心机观领导之色，想从上司的眉宇间、唇齿间见微知著，明白其心思，千方百计投其所好，讨其欢心。"领导不行他先行，看看道路是否平；领导不讲他先讲，试试话筒响不响"，这样的"察言观色"令人鄙视，也正因为如此，让这个中性成语蒙上了一层厚厚的贬义色彩。

当然，观察也要因对象而异。观察的对象不一样，"察言观色"的效果不同，即使对同一个观察对象，不同的观察者也会得出不同的结论。看到痛不欲生的死难矿工的家属，有的人感到惭愧、内疚与自责，只想亡羊补牢，避免悲剧再次出现；

而有的人却感到恐慌、沮丧，只想去掩盖真相，推卸责任，蒙混过关。对下属的意见，有的领导如饮良药，从谏如流，从其中看到自身存在的问题和不足，时刻保持清醒的头脑；有人一听到不同意见就开始不安，一触即跳，认为这是找碴，无事生非，必欲除之而后快。由此，观察者的立场、观点、态度、感情色彩不一样，"察言观色"的结果也就大不相同。

我们时常听人议论说某人"有眼色"，若剔除其中隐含的贬义的话，此处的"眼色"也就是察言观色的能力。"眼色"是"脸色"中的关键之处，它最能告诉我们真相。而人的坐姿与服装同样有助于我们观人于微，进而识别他人的整体，明了其意图。

人际交往之中，对他人的言语、表情、手势、动作以及看似不经意的行为有较为敏锐细致的观察，是掌握对方意图的先决条件。

深藏不露，提防小人的"变脸术"

用"方"推开"圆"的窗口，在圆中洞察世事玄机，知己知彼，方能百战不殆。

现代社会，不管何处，都存在一些小人。所以，要学会深藏不露，无论什么时候都要提防小人的"变脸术"，即使他说得再好，也不可轻信，因为小人往往都是花言巧语的专家，所以，他们的话最好不要相信。

俗话说："江山易改，本性难移。"小人当然也如此，所以，处处都要小心提防着小人。

社会上的小人是很险恶的，历史上有很多功勋卓著的政治家、军事家在临死之前都痛恨那些令他们说不清道不明却又像阴影一样挥之不去的小人。"宁得罪君子，不得罪小人。"小人之所以不可得罪，原因在于，小人的报复欲望特别强。俗语说，"明枪易躲，暗箭难防"，小人对别人的报复打击通常都是用"暗箭"，让人防不胜防。而小人报复的程度远远大于别人损害他的程度。由此，许多被小人攻击、伤害过的人在蒙受损失后竟然搞不清自己究竟在哪个地方得罪了小人。

"小人谋人不谋事，君子谋事不谋人"，这就是小人与君子最大的差别。君子是依靠自己的真才实学成就一番事业，为谋利益，他们全身心地投入到事业上，不会去想怎么对付别人；而小人考虑的是如何算计人，以此使自己的名利、地位不受到损害。

小人阴险狡诈，君子光明正大。小人暗地捣鬼，搞小动作，害怕自己的意图被人发现；君子光明磊落，敢做敢当。

所以，当你全力以赴成就事业时，"提防小人"应是你时时谨记在心的戒律。正如以下这个实例。

1898 年，维新派成立了，这个派别是以康有为、梁启超为首的，他们发动了维新变法运动。光绪帝很支持他们的活动，但他没有实权，由慈禧太后控制着朝政。光绪帝想借助变法使自己的权力扩大，打击慈禧太后的势力。对于慈禧太后来说，她当然感觉出自己权力受到威胁，所以对维新变法横加干涉。在这场争斗之中，光绪帝察觉到了自己艰难的处境，因为用人权和兵权都掌握在慈禧的手中。为此，光绪帝十分困顿。有一次，他写信给维新派人士杨锐说："我的皇位可能保不住，你们要想办法搭救。"维新派得到消息后都很着急。

此时，荣禄手下的新建陆军首领袁世凯来到北京，袁世凯明确表态支持维新变法活动。康有为曾经向光绪帝推荐过袁世凯，说他是个了解洋务又主张变法的新派军人，若拉拢他，荣禄——慈禧太后的主要助手的力量就小多了。光绪帝认为变法要成功，需要袁世凯的支持，于是在北京召见了袁世凯，封给他侍郎的官衔，旨在拉拢袁世凯，让他效力于自己。

当时，康有为等一些人也认为，想要取得变法的成功，只有杀掉荣禄。而能够完成此事的人，只有袁世凯。所以，谭嗣同后来又在深夜的时候去密访袁世凯。

谭嗣同对袁世凯讲："现在荣禄他们想把皇帝废掉，你应该用你的兵力，把荣禄杀掉，再发兵包围颐和园。事成之后，皇上掌握大权，清除那些老朽守旧的臣子，那时你就是一个大功臣了。"袁世凯回复："只要皇上命令，我一定拼命去干。"谭嗣同又讲："别人还好对付。荣禄不是等闲之辈，想要杀之恐怕不是那么容易。"袁世凯诧异地说："这有什么难的？杀荣禄就像杀一条狗一样！"谭嗣同着急地问："那我们现在就计划如何行动，我马上禀告皇上。"袁世凯想了一下说："那太仓促了，我指挥的军队的枪弹火药都在荣禄手里，有很多军官也都是他的人。我得先回天津，更换军官，准备枪弹，才能行事。"谭嗣同没有办法，只好赞同。

袁世凯这个人诡计多端，康有为和谭嗣同都没能把他看透。袁世凯虽然表面表示忠于光绪皇帝，但是他心里明白，掌握实权的是太后和她的心腹。他更加相信，这次争斗还是慈禧占了上风。

不久，袁世凯便回天津，把谭嗣同夜访的情况全部告诉荣禄。荣禄吓得当天就到北京颐和园面见慈禧，禀告光绪帝的计划。

第二天天刚亮的时候，慈禧怒气冲冲地进了皇宫，幽禁光绪帝，接着下令废除变法法令，又命令逮捕维新变法人士和官员。变法经过 103 天最终失败。谭嗣同、林旭、刘光第、杨锐、康广仁、杨深秀等人在北京菜市口被杀死了。

由上可知，善于变脸的小人是不可用的。 他们惯于当面一套，背后一套，过河拆桥，不择手段。 他们很懂得什么时候摇尾巴，什么时候摆架子。 在你春风得意的时候，他们即使不久前还是"狗眼看人低"，马上便会趋炎附势；而当你遭受挫折，风光尽失后，他们则会避而远之，满脸不屑的神气。 袁世凯这类奸雄式小人，为邀功请赏，更不惜让人掉脑袋，小人的嘴脸如同刀子一样。

人与人之间宝贵的友谊是存在的。 可"君子之交淡如水"，友谊一旦要靠金钱维系，就成为一种危险游戏。 每一次交往，看起来似乎是情谊的加深，实质上更加危险了。 如此，这样的"私交"不会长久。 真正的朋友，应该为你的事业和前途着想。 试想，如果有人表面上看与你私交甚厚，其实是在利用你手中的权力，靠对你的"小恩小惠"来换取个人好处，这是真正的朋友吗？

领导干部一定要防止被"私交"迷惑。 第一，要树立正确的权力观、友谊观。 权力是为党和人民工作的，不能用来谋取私利。 真正的友谊来源于心与心的真诚交流，而非建立在相互利用和权钱交易上。 第二，要提防"小人"。 某些人表面上与你以"朋友""兄弟"相称，其实却是在通过这种交往，开发"权力资源"，获取他们的最大利益。 第三，还要经得住金钱与美色的诱惑。 即便是与你走得很近的人，他端出的"碗外之饭"都是不可吃的。 若能时刻牢记这三点，那"私交"就失去了诱你"湿鞋"的作用。

方圆有道，换位思考

这个摩托车是怎么开的，都开到马路中间来了，太没素质了。

这汽车的司机真差劲，都不知道让路吗？

唉，这个老板要求太苛刻了，当他的手下真累。

唉，现在的员工太难带了，都不积极做事。

换位思考，将心比心，以一颗宽容的心去对待别人，这样人生才会美好。

我这个婆婆，稍微干点活就叫苦叫累的，真头疼。

我这个儿媳妇，天天在家不干活，懒死了。

每次一起吃饭，华子都是吃起来拼命，一到结账的时候就找不到人了，真小气。

好几次没结账了，真不好意思。不过我的贷款还没还完，大家应该能体谅我的难处。

第二章　低调为人：适时隐藏自己的能力

密藏不露，一种高层次的人生谋略

密藏不露是一种较高层次的人生谋略，也是成功者所应具备的基本素质之一，更是人生中重要的生存手段。

在生活中，我们不难发现，那些喜欢出风头、四处招摇、心中不藏半点秘密的人，通常被大家认定是非常浅薄的人，最终让人厌烦。 相反，那些看来木讷笨拙或总是隐藏自己才干的人，却往往胸有成竹，计谋过人，更容易获得他人的钦佩和获得成功。

过去说"宰相肚里能撑船"，即大人有大量，这大量也包含能藏得住秘密，如同深沟大壑，不会显山露水。 事实上，宰相肚里的"船"不会撑到外面去的，心机只有自知，无论怎么谋划，仍然不动声色。 至少让人相信你是一个很诚实的人，不会陷害对方，让人对你产生好感。 这是一种人格修养，也容易获得别人的信任。 如果你肚里什么秘密都隐藏不住，这边听了那边说，那么谁还会相信你呢？

现今的社会是很复杂的，一方面，人们要有真本事；另一方面，有了真本事又不可轻易外露，若在不适当的时机和场合泄露出自己的真本事，那么，就会被人嫉妒，甚至有可能遭人暗算，这真是非但没为自己带来任何好处，反而还招来了灾祸。

春秋时期，郑庄公就是利用这一韬略，一举粉碎了弟弟共叔段妄图夺权的阴谋。

郑庄公是春秋时郑国的国君，公元前743年至公元前701年在位。庄公之父是郑武公，其母为申侯之女武姜。庄公因是难产所生，惊吓了武姜，故名"寤生"，武姜也因此不喜欢他。但庄公很有智慧，他继位国君后，郑国成了春秋初期最强盛的诸侯国之一。

郑庄公和共叔段本是一母所生，只因不喜欢庄公，武姜多次在武公面前夸赞次子共叔段是贤才，应立为继承人。武公不答应，最后立庄公为世子。姜氏一计未成，再生一计，于是在庄公继位后，又逼迫庄公把京城（郑国邑）赐封给共叔段。

共叔段在京城加紧扩张自己的势力，并与姜氏合谋，准备篡权。

郑庄公深知自己继位之事令母亲大为不悦，对姜氏与共叔段企图里应外合夺取政权的阴谋也心知肚明，但他却不动声色，采用"知者不语""将欲废之，必固举之""将欲夺之，必固与之"的计策，先施韬晦，待机破之。郑国大夫祭仲向他报告说共叔段在做有损郑国之事，庄公却回答说："这是母亲的意思。"祭仲提议庄公先下手除掉隐患，他却说："你就等着吧。"共叔段又占领京城附近两座小城，郑大夫公子吕说道："一个国家不能有两个国君，你打算怎么办？如果你想把大权交给共叔段，我们就去当他的大臣；如果不打算交权，那就除掉他，不要使老百姓心有疑虑。"庄公就假装生气，说："这事你不要管。"

郑庄公知道，如果过早动手，肯定会遭到外人议论，说他不孝不义。因而，他故意让共叔段连续得逞，一直到共叔段和姜氏密谋里应外合时，才开始反击。共叔段逃到鄢（郑国地名，在今河南鄢陵县境），郑庄公伐鄢，共叔段再次逃走。

在共叔段一再招兵买马，不断侵城夺隘的时候，郑庄公故作不知，使共叔段低估他的能力，最后落得一个落败出逃的境地。不露真本领可以免遭无谓骚扰，谁擅于此计，谁就会受人倾慕；谁不善于此计，就易被人驱逐，甚至遭人暗算。所以，聪明的成功人士大都不会轻易露出真本事。

俗话说："人怕出名猪怕壮。"人出了名之后，除了风光无限，也会麻烦不断。有的名人抱怨自己丧失了自由，正常生活受到了干扰。可见，适当地掩藏真本领，是减少受骚扰的一种必要保障。

潜心修炼，人生当有藏锋之功

锋芒可以刺伤别人，也会刺到自己，平时应插在剑鞘里，运用起来也要小心翼翼。 所谓物极必反，过分展露自己的才华容易招来对手的嫉恨和陷害，尤其是意图做大事业的人，更应该修炼好藏锋之功。

在现实生活中，存在这样一种自视清高的人：他们锐气十足、锋芒毕露，待人处事不留余地，如果有十分的才能与聪慧，就竭力十二分地表现出来，而这样的人往往在人生旅途上屡遭挫败。

其实，隐藏锋芒也是加强自己的学识、才能和修养的过程，有利于提高自己处理各种人际关系的能力与技巧，这也是放弃个人的虚荣心从而踏实地走上人生旅途的表现。

孔融是三国时比较正直的士族代表人物之一。他刚直耿介，早年刚刚踏入仕途，就初露锋芒，纠举贪官。董卓操纵朝廷废立时，他每每忤卓之旨，结果由虎贲中郎将左迁为议郎。后来在许昌，孔融又常常发议论或写文章攻击嘲讽曹操的一些举措。太尉杨彪因与袁术有姻亲，曹操迁怒于他，打算杀之。孔融知道后，顾不得穿朝服就忙着去见曹操，劝说他不要乱杀无辜，以免失去天下人心，并且声称："你如果杀了杨彪，我孔融明天就脱了官服回家，再也不做官了。"由于孔融的据理力争，杨彪才免除一死。建安九年（204），曹操攻下邺城，其子曹丕娶袁绍儿媳甄氏为妻，孔融知道后写信给曹操说："武王伐纣，以妲己赐周公。"曹操不明白这是对他们父子的讽刺，还问此事出自何经典，孔融回答道："以今度之，想当然耳。"当时连年用兵，又加上灾荒，军粮十分短缺，曹操为此下令禁酒，孔融又连连作书加以反对。对于孔融的一再与自己作对，曹操是早就怀恨在心的，只因当时北方形势还不稳定，而孔融的名声又太大，不便对他怎样。到了建安十三年，北方局面已定，曹操在着手实施统一大业的前夕，为了排除内部干扰，便开始对孔融下手。他授意御史大夫郗虑诬告孔融"欲规（谋划）不轨"，又曾与祢衡"跌宕放言"，罪状就是孔融以前发表的关于父母子女关系的那段言论。这样，在建安十三年（208）八月，孔融被杀，妻子儿女同时遇害。

在社会中，人们总是想方设法要出人头地。所以，有才华的人便言语露锋芒，行动也露锋芒，以此引起大家的注意。但更有些深藏不露的人，看似庸才，胸无大志，实际上只是他们不肯锋芒毕露而已。因为他们有所顾忌：言语露锋芒，说不定会得罪别人，这样，其他人便成为阻力；行动露锋芒，说不定会惹旁人妒忌，旁人的妒忌也会成为阻力。

曾国藩曾说："君子藏器于身，待时而动。"意思是说，君子有才能但不使用，而要待价而沽。 天才能做到无此器最难。 而有此器，却不思此时，则锋芒见对于人，只有害处，没有益处。 所以，古人说：额上生角，必触伤别人；不磨平触角，别人必将力折，角被折断，其伤必多。 可见，天才外露的锋芒就像额上的角，既害人，也伤己！ 处理不好，倒还不如没有。

《庄子》中有一句话："直木先伐，甘井先竭。"由此推理，人才也是如此。 一些才华横溢、锋芒太露的人，虽然容易受到重用提拔，可是也极容易遭人算计。

避招风雨，智者的高明之术

古往今来，有不少人因为才能出众，技艺超群，行为脱俗，而招来别人的嫉妒、诬陷，甚至丢了性命。 于是，一些高明的智者仁人从实践中总结出来一种处世安身的应变策略——避招风雨。

三国时期，曹操的著名谋士荀攸智慧谋略过人，他辅佐曹操征张绣、擒吕布、战袁绍、定乌桓，为曹氏统一北方做出了重要的贡献。他在朝二十余年，能够从容自如地处理政治旋涡中复杂的关系，在极其残酷的人事倾轧中，始终稳立于不败之地，他的高明之处就在于能谨以安身，避招风雨。曹操有一段话形象而又精辟地总结了荀攸的人生谋略："公达外愚内智，外怯内勇，外弱内强，不伐善，无施劳，智可及，愚不可及，虽颜子、宁武不能过也。"可见荀攸平时十分注重收敛锋芒。参与军机，他智慧过人，连出妙策；迎战敌军，他奋勇当先，不屈不挠；但对曹操、对同僚，却不争高下，表现得总是很谦卑、文弱甚至愚钝与怯懦。

有一次，荀攸的姑表兄弟辛韬曾问及荀攸当年为曹操谋取袁绍冀州的情况，他却极力否认自己的谋略贡献，说自己什么也没有做。荀攸为曹操"前后凡划奇策十二"，史家称赞他是"张良、陈平第二"，但他本人对自己的卓著功勋却是守口如瓶、绝口不提，从不对别人说起。荀攸与曹操相处多年，关系融洽，深受宠信，却从来不见有人到曹操处进谗言加害于他，也没有一处触犯过曹操，使曹操不悦。建安十九年（214），荀攸在从征途中善终，曹操知道后痛哭流涕，说："孤与荀公达周游二十余年，无毫毛可非者。"并赞誉他为谦虚的君子和完美的贤人。这就是荀攸避招风雨、持正谨慎的结果。

清王朝的开国元勋范文程，在清初复杂而动荡的时期，先后辅佐过努尔哈赤、皇太极、顺治、康熙四代帝王，是清初的一代重臣，在清初政治舞台上活动了几十年，对国家的统一做出了巨大贡献。他运用避招风雨的方略处世安身，获得了极高的赞誉。

范文程所处的那个时期，民族矛盾异常复杂尖锐。在后金和清统治阶层中，一直存在着对汉人的疑忌和歧视。范文程身为汉人，又是大臣，在这种微妙环境里，处境自然十分尴尬。一方面，他要忠于清廷，建功立业；另一方面，他又要小心谨慎，在内部权力倾轧中极力保存自己。因此，他虽然得到清朝最高统治者的赏识，官至大学士、太傅兼太子太师，但他仍处处留心。顺治九年（1652年），他受命监修太宗实录时，知道自己一生所进奏章多关系到重大的决策问题，为免得功高震主，便把他草拟的奏章大都焚烧不留；而在实录中所记下的，不足十分之一。功成身退后，他平平安安地度过了晚年。

巧妙迂回，曲径通幽

有些事情，如果直接去办，会遇到很多困难；如果绕一绕弯，就很容易把困难避开。 同一个目的，可以通过不同的手段来达到，但并不是所有的手段都能收到一致的效果。

处世要懂得迂回之术，直来直去的人很难成功。 拐弯越多，别人越看不出来你的真实意图，你也就能出其不意攻其不备。 等到他反应过来时，你的目的已经达到了。

东晋元帝时代，权臣王敦欲发动叛乱独立。当时，温峤颇受晋元帝的信任，任中书令之职。北方大乱时，温峤奉刘琨之命到建康劝元帝即位，所以受到器重。但这却使王敦心生嫉妒，他就找借口请皇帝批准让温峤做了他的左司马。

温峤对王敦的为人特别了解，就采取以柔克刚、阳奉阴违的策略。他表面上对王敦特别尊敬顺从，尽心尽力为其办事，并不时帮助王敦出一些主意。王敦渐渐地对温峤有了好感。温峤又看出王敦最信任钱凤，而钱凤又是王敦集团中最有智谋的人，所以他和钱凤也极为亲近，并常在王敦面前夸奖钱凤说："钱世仪经纶满腹。"

正当王敦、钱凤等人秘密加紧准备起兵的时候，丹扬尹出现了空缺。丹扬是由姑苏通往建康的要道，地理位置十分重要。于是，温峤去见王敦说："丹扬是个咽喉重地，丹扬尹的位置格外重要，明公应该选派自己的人去担任这个职务。"

王敦问谁可胜任，温峤马上推荐钱凤。但他知道王敦一时不能离开钱凤。钱凤听说后又推荐温峤，温峤也假意推辞，一再推荐钱凤。最后还是王敦拍板定案，上表推荐温峤做了丹扬尹。

但是，温峤明白，他必须防备自己离开后钱凤醒悟过来再向王敦进言。温峤临行的前一天，王敦设宴为之饯行。酒到半酣之时，温峤站起来逐个敬酒。走到钱凤面前时，钱凤端起酒杯还未来得及喝，温峤就有些摇晃，舌头根有点发硬地说:"你钱凤算个什么人,我温太真敬酒你竟敢不饮!"一边说一边用手去拍打钱凤的脑袋,把钱凤的头巾都弄掉在地上了。这是对人最不尊敬的做法,钱凤的脸一下子就红了。王敦见了,以为温峤喝醉了酒,忙站起来解释,人们不欢而散。

第二天,温峤到王敦府中去告别,在王敦面前流着泪说:"我昨天喝醉失态,得罪了钱世仪。我走之后,真担心您疏远我啊!"王敦马上说:"你放心赴任去吧,我心中有数。"温峤刚迈出门槛又返回来,想要说什么,停了停又返回去,来回三次,仿佛满腹心事的样子,最后才慢慢离去。

温峤走后,钱凤果然去向王敦说:"温峤与朝廷的关系很亲密,与庾亮的交情也很密切,不可相信他。"听完钱凤的话,王敦满不在乎地说:"温峤昨天喝醉了酒,对您说话时有些不礼貌,何必为这么点小事就来说他的坏话?"

温峤到建康后,立刻把王敦的阴谋全盘报告给朝廷。朝廷马上调兵遣将进行严密的防范。

由于场合和人际关系等原因,有的意见不便于直说,这时,可以采取正话反说、话中有话的方式。即用表面肯定实则反对或表面反对实则肯定的话,含蓄地说服对方。

给上司提建议时,如果只考虑自己的意愿,不考虑对方的想法,是很难成功说服对方的。所以,明明是于对方不利的建议，也要假装在为对方着想。

婉转地批评别人，不逞一时的刚勇，同样能达到批评对方的目的，这就是说话的技巧。

在西汉时期，汉武帝身边有个大臣叫东方朔，他头脑聪明，言辞犀利，又爱说笑话，当时人称他为滑稽。

汉武帝刚即位就下了一道诏书，叫各郡县推举品行端正、有学问才能的人，当时有上千人应征。这些人上书给皇帝，多半是议论国家大事，卖弄自己的才能。其中不少建议皇帝看不上，提建议的人也没被录取。东方朔的上书却半开玩笑半认真地说自己博学多才，聪明过人，怎么身材高大、五官端正，怎么勇猛灵活、正派守信，最后说："像我这样的人，真该当天子的大臣了。"汉武帝看这份上书与众不同，有些意思，就让他待诏公车。虽然，东方朔被留在了长安，但薪水很少，也见不到皇帝。

过了些日子，东方朔想出个让皇帝注意他的主意来。当时，皇宫里有一批给皇帝养马的侏儒，东方朔骗他们说："皇上说你们这些人一不能种田，二不能治国，三不能打仗，对国家没一点用处，准备把你们全杀了呢。"侏儒们都吓得哭起来，东方朔又教他们："皇上要是来了，你们赶快去磕头求饶。"不久，汉武帝路过马厩，侏儒们都号啕痛哭，跪在汉武帝的车子前边连连磕头。汉武帝觉得奇怪，问道："你们干什么？"侏儒们回答：

"东方朔说您要把我们全杀了。"汉武帝知道东方朔鬼点子多，就把他叫来责问："你为什么要吓唬侏儒？"东方朔说："侏儒身高不过3尺多，每个月有一袋粮食、240钱。我东方朔身长9尺多，也只有一袋粮食、240钱。侏儒们会撑死，我却会饿死。皇上觉得我不行，就放我回家，别留着我在这里吃白饭。"汉武帝听了哈哈大笑，让他待诏金马门。待诏金马门比待诏公车的地位高，他也就能渐渐地接近皇帝了。

相传有一次，汉武帝让手下人玩"射覆"的游戏，东方朔连猜连中，得了很多赏赐。汉武帝身边有个姓郭的舍人，也很聪明，能言善辩，见东方朔这么得意，很是眼红，就对汉武帝说："东方朔刚才那都是碰运气，并不是真会猜。现在我来藏一样东西，如果他猜中，我愿意挨一百板子；要是猜不中，您把刚才赏他的东西都给我。"结果，东方朔又猜对了。

汉武帝命令左右打郭舍人的屁股，郭舍人痛得直喊"哎"。东方朔嘲笑他说："呸！口上没有毛，声音叫嗷嗷，屁股翘得高。"郭舍人又羞又气，喘息着说："东方朔辱骂皇上的随从，该杀头！"汉武帝问东方朔："你为什么骂他？"东方朔急中生智，回答："我怎敢骂他？是让他猜谜语呢。"汉武帝又问："怎么是谜语？"东方朔信口胡编道："口上没毛是狗洞，声音叫嗷嗷是鸟儿在喂鸟，屁股翘得高是白鹤弯腰啄食。"汉武帝见他说得头头是道，不便再追究，郭舍人只好吃了个哑巴亏。

对于皇帝的指责，不是强词夺理，而是机智应对，有理有据，这其实就是一种"曲径通幽"的高妙技巧。东方朔忍住心中对他人的不满，忍住对告发者的气愤，不失时机地批评他人的错误，同时保全了自己。

对于现代的我们，迂回之术同样有用。在工作、学习、交友中，采用一些迂回之术，既可以避开祸端，又能达成愿望，可谓事半功倍。

低调做人，潜心修炼

××公司的项目，只有我出手才能拿得下来。这个项目交给我，您就放心吧。

你不是跟李总说这个项目你一出手就能拿下来吗？现在一点进展都没有。你别管了，让小王去做这个项目吧。

自视甚高的人，锐气十足、锋芒毕露，待人处事不留余地，这样的人往往容易在人生旅途上遭遇挫败。

我对贵公司的产品特点、市场状况以及竞争对手都做了调研，我认为这次广告宣传已经突出了产品的高附加值……

你就是太高调，爱把话说满。小王以低调的姿态去见客户，成功概率当然就大。

以后我要多向他学习。

第三章　忍小成大：做一只聪明的"忍者神龟"

屈忍一时，重整旗鼓谋求更强

马有失蹄之时，人有失手之处。

当你的人生或事业因严重的错误而遭遇失败，不要深陷其中而无法自拔。毕竟事情已经过去了，再多的后悔、自责、埋怨都是徒劳的。不如暂且抛开这些，屈忍一时，认真总结经验，在以后的工作中牢记这些沉痛的教训，重整旗鼓，以赢取新的成功。此时的"屈"是为了以后更强的"伸"。

决定刘邦一生功业是成是败，有两个关键时期。一个是鸿门宴，刘邦化险为夷，化被动为主动，不但揭开了刘、项军事集团矛盾的序幕，也预示出斗争的结局；另一个就是迁居汉中，刘邦委曲求全，以退求进，得以还定三秦，夺取天下，成为整个楚汉相争的缩影。

当时，项羽率军北上与秦朝主力殊死搏斗，刘邦乘机率先破秦入咸阳，秦王子婴投降。按照楚怀王当初与诸将的约定，"先入关者王之"，刘邦理应如约为关中王。

但项羽挟击破秦朝主力的战功，耻于让刘邦钻了空子，得到先入关中的名声，所以决不容刘邦居于关中，反而将在关中享有民望，且最有夺天下野心的刘邦分封于巴、蜀、汉中为汉王，还将关中一分为三，让秦朝的三个降将在关中做诸侯王，以监视、牵制刘邦的势力。刘邦鉴于项羽强大的军事实力，只好在"鸿门宴"上卑辞谢罪，承认项羽的天下霸主地位，被迫忍气吞声离开关中。

但是，刘邦集团并不甘心于困居巴蜀，暂时的退让是为了以屈求伸，等待时机成熟，"还定三秦"，再图天下，而项羽集团的政策失误和战略上的麻痹，则给刘邦提供了东山再起的机会。因为项羽在刘邦低头后，错误地认为最有实力与他争夺天下统治权的刘邦已真心臣服，不再具有威胁，所以他在分封后即弃关中而东归，定都于彭城。但分封政策无疑瓦解了项羽的强大力量，同时，分封的不公又造成了他与其他诸侯之间不可调和的矛盾，使自己成为众矢之的。

最终，项羽落得个乌江自刎的结局，而刘邦则笑到了最后。

不要总是为过去的失败而叹息悔恨，也不要死钻牛角尖，适时地"屈"也是必要的。有时候，勇往直前并不见得总能达到目标。必要的"屈"是一种艺术，不能总是锋芒毕露。而委曲求全，则是图大业的一种必要的策略。

战胜挫折，首先需要能屈和善忍

　　人的一生之中，不可能总都是一帆风顺，总会有各种各样的困难、挫折，有的来自自身，也有的来自外界。 能不能忍受一时的不顺，往往取决于一个人是否有雄心壮志。 真正想成就一番事业的人，志在高远，不会拘泥于一时的成绩或阻碍。 面对挫折，更当发愤图强，艰苦奋斗，以实现自己的理想，成就功业，这才是应有的人生态度。 困难是给予人的最好磨炼，只有经受住了挫折考验的人，才能成大事。

　　《周易·乾卦·象》中说， "天行健，君子以自强不息"，意思是天道运行强健不息，君子也应该积极奋发向上，永不停息。 《孟子·告子下》的名言 "天将降大任于斯人也，必先苦其心志，劳其筋骨，饿其体肤，空乏其身，行拂乱其所为，所以动心忍性，增益其所不能"，也很好地总结了挫折苦难与成功之间的关系。

　　面对挫折、打击、磨难，应该沉着应对，而不是消极颓废。能屈善忍，发愤图强，准备东山再起，才能最终成就事业。

　　范雎是战国时魏国有名的策士。他擅长辩论，多谋善断，而且胸怀大志，有意建立一番功业。但是，他出身寒微，苦于无人引荐，不得已只能先在中大夫须贾的府中任事。

一次，须贾奉魏王之命出使齐国，范雎也作为随从前往。齐国国君齐襄王久闻范雎有雄辩之才，十分欣赏，便差人携金十斤及美酒赠予范雎，以示对智士的敬意。范雎对此深表谢意，却没有接受其赠礼，想不到还是招来了须贾的怀疑。须贾执意认为，齐襄王送礼给范雎，肯定是因为他暗通齐国。

须贾回国之后，将此事上告给魏国的相国魏齐。魏齐便下令动大刑杖罚范雎。范雎在重刑之下，遍体鳞伤，奄奄一息。他蒙冤受屈，申辩不得，只好装死以求保命。于是，魏齐让人用一张破席卷起他的"尸体"，置于厕所之中，又指使宴会上的宾客，相继以便溺加以糟蹋，并说这是让大家知道不得卖国求荣。

如此的飞来横祸和巨大的打击，几乎使范雎一命呜呼，而范雎以异于常人的意志，忍受了这一切难以忍受的摧残和折磨。

范雎平白无故地受了这么一场皮肉之苦和人格之辱，对魏国心灰意冷，于是，他决定离开魏国，到别处寻求施展才华的机会。为了脱身，范雎许诺厕所的看守者，如能放他逃出去，日后必当重谢。看守者在魏齐醉后神志不清之时，趁机请示说要将范雎的"尸体"抛到野外，借此将他放了出去。范雎在朋友的帮助下逃出魏国隐匿起来，并改名为张禄。

范雎装死逃出魏国，而后辗转来到秦国。入秦后，他充分施展辩才游说秦昭王，最终取得信任。秦昭王采用范雎的建议，对内加强中央集权，对外采取远交近攻的霸业方略，使秦国对关东列国的影响不断加强。秦昭王因此任命范雎为相国，封为应侯。

在人生的奋斗过程中，会有各种各样的境遇，有大志者必须学会屈伸之谋，要能够忍受失败的痛苦，要总结经验和教训，努力奋斗，愈挫愈勇。

忍小事，成大事

人们常说："小不忍则乱大谋。"这句话有两层意思：一是凡事要忍耐、包容一点，否则遇事冲动，任由脾性胡来，就会坏了大事。许多大事失败，都是毁于微小之处。二是做事要有"忍"劲，狠得下心来，有决断。有的事情容不得我们考虑太多，若不当机立断，姑息养奸，就会后患无穷。

忍有两种，一种是忍而不发，以忍求安；一种是忍而待发，以忍求变。后一种忍，忍是手段，所求是目的。赵武灵王在位时，赵国国富民强，又因地处中原，常被卷入战争的旋涡，因而也就更迫切地需要广行富国强兵之策。

赵武灵王经过多年的征伐，认为北方游牧民族骑马作战的战术机动性大、集散自由，对战场条件适应性很强，决心加以仿效。

而实际的改革却面临重重的阻力。首先，当时的中原服装过于宽大，要骑马作战，就要改穿游牧民族更加便于活动的胡服。

然而，在中国古代，改变服装样式却是一件非常困难的事。

决定一下，反对势力蜂拥而来，朝中的多数大臣都不赞成这项改革，认为穿胡服是丢祖宗的脸。

面对大批的反对势力，赵武灵王采取了极其克制的态度。他不用帝王的身份之尊强行推广，而是循序渐进，做了大量的思想政治工作。从战争的发展，富国强兵的要略，反复阐述自己的意见，用最大的耐心去推行战术。最难对付的是他的亲叔叔——借口生病，不早朝，也不听劝。武灵王虽然心知肚明，但探望之时却绝口不谈正题，天天如此，他叔叔大为感动。

赵武灵王的"忍功"，使他最终成功地推行了改革，这是一种功利主义目标明确的"忍"。

小不忍则乱大谋，这是成就大事之人必须明白的道理。

张居正是明朝名相，他在执政的十年中，大胆地在政治、经济、军事几方面进行了重大改革，使政治安定，经济发展，国家逐渐走上富强之路。

张居正2岁就开始识字，被称为神童。13岁参加乡试时，他年龄最小，却沉着冷静，交上了十分出色的答卷，若非湖广巡抚爱才，有意让张居正多磨炼几年，他肯定中举。终于，几年的发愤读书之后，年仅23岁的张居正考上了进士，开始正式走上仕途。

张居正被选为庶吉士之后，一面大量读书，一面细心思考为官之道。他有满腔的政治抱负，但当时世宗皇帝昏庸，奸臣严嵩为非作歹，他一时无法施展自己的才能，只能选择暂时忍耐。这样的情况持续了十几年，张居正内心十分痛苦。

终于，严嵩在专权15年后倒台了，徐阶接任首辅，张居正也开始得到重用。此时，他又遇上了精明强干、头脑敏锐的政治对手高拱。张居正只得再次忍耐，他明白，在官场中必须学会收敛和隐藏，所以，面对高拱的傲慢无礼，他用谦恭与沉默无声对抗着。

高拱下台后，张居正资格最老，被召回当了首辅。

张居正掌权后，一改过去那种内敛祥和、沉默寡言的态度，变得雷厉风行、有理有节，在全国范围内实行一场改革活动，把国事整理得井井有条，取得了卓越的政绩。

假如你现在只不过是一个小职员而已，今后的前途还受制于自己的上司，要是你的才干一直超过上司，也许上司就会觉得受到威胁，那时，他不但不会赏识你，反而会对你产生偏见。你随时会惹祸上身而又不自知，又怎么能够施展自己的抱负？用心与周围的人协调，适应环境，虽暂时委屈，可实在是为了你将来能有大的作为啊！

"小不忍则乱大谋"，这句话在民间极为流行，甚至成为许多人安身立命的座右铭。有志向、有理想的人，不应斤斤计较个人得失，更不应在小事上纠缠不清，而应有开阔的胸襟和远大的抱负。只有如此，才能成就大事，从而实现自己的梦想。

有时面对一些事情，我们应该做到泰然处之，心胸开阔。如果我们能够将目光放远一些，看这些事情对自己的长远发展是否有利，就不会目光短浅，逞匹夫之勇。

忍要有度，不要一味去忍

忍是一种痛苦，是一种考验，是从幼稚到成熟的过程，是人格和品行的一种境界。忍是一种理智，是感悟人生所得的一种智慧，是经历挫折后的一种持重。

古人作过一首《百忍歌》，虽非不刊之论，但也能给人一些启示。文中写道："能忍贫亦乐，能忍寿亦永，不忍小事变大事，不忍善事终成恨""忍得淡泊可养神，忍得饥饿可立品，忍得勤劳可余积，忍得语言免是非"。然而，在现实生活中，懂得忍耐的人却并不多，有的人为一点小事就大动干戈，闹得不可开交，甚至大打出手，枉送掉几条性命。要如何练好这个"忍"字，也是我们现代人不可忽视的一个课题。

有一次，一位青年人因一点小事与人争吵，旁人百般劝解不听，一怒之下打了对方几巴掌。那人当场就晕倒了，送到医院检查，确诊为耳膜穿孔，听力受损。这个小青年赔偿了几千元不算，还被拘留了好几天。事后他十分后悔，说："当时若听他人劝说，忍一忍也就没事了。"

不错，现实生活中有许多矛盾，好多都是鸡毛蒜皮的小事，如果能够宽容一些，就能大事化小，小事化了。 但要做到这一点却不容易。

忍字心上一把刀，非常生动形象地告诉我们："忍"必须有巨大的克制力！

从古到今，中华民族有许多关于"忍"的美好故事：蔺相如让廉颇，使廉颇最终放弃傲慢，求得将相的团结，"将相和"的故事也流芳千古；韩信忍得胯下之辱，最终成就了汉王朝的大业……

一个人若能了解"忍"的深意，那他面对挫折就能坦然，面对嘲讽就能凛然，面对名利就能淡然。

要达最高境界，需要锻炼，需要磨炼。 我们要从日常小事做起，循序渐进，由小到大，由浅到深，逐渐让自己成为一个有修养有涵养的人。

在古印度南部，曾有个侨萨罗王国。国中出了五百个强盗，他们占山为王，拦路抢劫，打家劫舍，杀人放火，无恶不作，商客游人和地方百姓深受其害。地方官员多次出兵征讨，均无功而返，只好报知国王。国王派来精兵良将，经过激烈的战斗，将五百名强盗全部俘虏。

国王决定，对这恶贯满盈的五百强盗处以酷刑。这天，刑场戒备森严，杀气腾腾。兵士手持尖刀挖掉了强盗们的双眼，还割掉了有的强盗的鼻子、耳朵，然后将他们放逐到荒无人烟的深山老林中。这座山谷林木葱茏，野兽出没，阴森恐怖。强盗们衣食无着，痛不欲生，撕心裂肺地绝望地号叫着。

　　凄惨的呼叫声传遍四野，也传进了释迦牟尼的耳朵。他为这在生死线上挣扎呼救的人们送来了香山妙药，将妙药吹进他们的眼眶。霎时，这些人个个双眼又重见光明。释迦牟尼亲临山谷，给五百强盗讲经说法："你们今日所受的苦难，正是源于过去的罪行。只要洗心革面，弃恶从善，皈依佛门，就能赎清罪孽，修成正果，脱离苦海，进入极乐世界。"众强盗此时悔恨交加，都俯首悔过，口称尊师，成了佛门弟子。从此，这座森林被称作"得眼林"。而这五百强盗在多年以后也终于修成正果。

　　忍让宽容是中华民族的传统美德。古人有训："得饶人处且饶人""退一步海阔天空"。连作恶多端的五百强盗，佛祖都认为应予宽容，更何况我们这等凡人呢？

　　在人与人之间的日常交往中，宽容忍让是一种积极友好的态度。正因有了宽容，才使我们的家庭关系稳定、人际关系和谐。人们在不同的场合交往接触，总免不了有意见相左、磕磕碰碰的时候，只要不涉及原则性问题，那么，主动退让，宽以待人，不斤斤计较，就有利于减少矛盾，维护人际间的和谐，于人于己，都有莫大的益处。尤其在现代社会，更应当大力提倡这种宽容忍让的精神。

　　但是，什么事情都不能太极端，宽容忍让也要注意"度"。

　　一条大蛇危害人间，伤了不少人畜，以致农夫不敢下田，商贾无法外出，大人无法放心让孩子上学，人们的正常生活，无法持续。

大伙儿听说有个住持是位高僧，讲道时能点化顽石、驯服野兽。大家便一起找寺庙的住持求救。

不久之后，大师就以自己的修为，驯服并教化了这条蛇，不但教它不可随意伤人，还教它明白了许多道理，而蛇从此也仿佛有了灵性一般。

人们慢慢发现这条蛇完全变了，甚至还有些畏怯与懦弱，就转而开始欺侮它。有人拿竹棍打它，有人拿石头砸它，连一些顽皮的小孩都敢去逗弄它。

某日，蛇遍体鳞伤，气喘吁吁地爬到住持那儿。"怎么了？"住持见到蛇这副德行，不禁大吃一惊。"我……我……我……"大蛇一时间语塞。"有话慢慢说！"住持的眼神满是关怀。"你不是一再教导我应该与世无争，和大家和睦相处吗？可是你看，人善被人欺，蛇善遭人戏，你的教导真的对吗？""唉！"住持叹了一口气后说道，"我是要求你不要伤害人畜，并没有不让你吓吓他们啊！""我……"大蛇又为之语塞。

我们提倡忍的精神，要宽以待人，平和达观，不要在一些枝节问题上斤斤计较，坠入"非此即彼"的极端思想中。 但是，忍要有度，要忍在刀刃上，不是面对什么都一味地忍耐，变成一个麻木、怯懦、奴性十足的人。 当坏人行事之时，你不能忍；当别人有难请你相助时，你忍不得。 忍，如果去掉"心"，那就相当于失去了良心和道德，这样的无心之忍只能是残忍。 所以，我们要把这个"忍"字用到适当处。

忍小事，才能成大事

让你加塞，撞的就是你。

非要较劲，这下咱们谁都走不了了。

一个轻微的剐蹭事故，你们大打出手，造成了严重的交通堵塞……

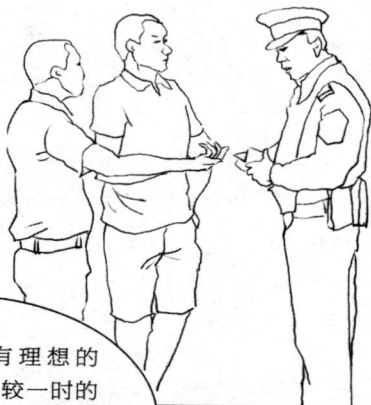

有志向、有理想的人，不应斤斤计较一时的荣辱得失，在面对责难和冒犯时，应该做到泰然处之，而不是逞匹夫之勇。

你们公司名不见经传，有能力接下我们这么大的项目吗？没有金刚钻，可别揽瓷器活。

刚才我是在考验你，这个项目需要极大的耐心和忍受能力。你的表现说服了我。

孙总，我们虽然是新公司，但具体做项目的人都是从大公司挖过来的，有多年的项目操作经验。